写真で見る

星と伝説

春と夏の星

野尻抱影　文
八板康麿　写真

読者《どくしゃ》のみなさんへ

夜空《よぞら》にかがやく美《うつく》しい星《ほし》は、世界《せかい》のどこの国《くに》でもながめられます。どんな民族《みんぞく》でも、大《おお》むかしから、この星《ほし》を見《み》て、どんなにふしぎがったことでしょう。そして、それぞれの文化《ぶんか》に応《おう》じて、いろいろな神話《しんわ》や伝説《でんせつ》をうみました。そのなかでもっとも有名《ゆうめい》なのは、ギリシア神話《しんわ》です。

中国《ちゅうごく》では、西洋《せいよう》の星座《せいざ》にたいして、空《そら》を二十八の星宿《せいしゅく》にわけ、その星《ほし》の一つ一つに名《な》をつけて、民族《みんぞく》どくとくの伝説《でんせつ》がのこっています。そのほかの民族《みんぞく》は、日本《にほん》もそうですが、星座《せいざ》や星宿《せいしゅく》を考《かんが》えるまですすんでいませんでした。それでも、主《おも》な星《ほし》には名《な》をつけて、伝説《でんせつ》をつくりあげています。

この本《ほん》では、それらの世界《せかい》の伝説《でんせつ》をとりあげて、みなさんのよく知《し》っている星座《せいざ》にむすびつけ、やさしくお話《はなし》をすすめています。どうか、その星《ほし》を見《み》つけて、天文《てんもん》をまなぶたのしみを深《ふか》めてください。

野《の》尻《じり》抱《ほう》影《えい》

今《いま》にも落《お》ちてきそうなほどの満天《まんてん》の星空《ほしぞら》。
かぞえきれない星《ほし》ぼしがまたたき、天《あま》の川《がわ》の羽衣《はごろも》が頭上《ずじょう》にかがやくと、ときどきすーっと飛《と》ぶ流《なが》れ星《ほし》に一喜一憂《いっきいちゆう》してしまいます。

むかしの人《ひと》は星《ほし》と星《ほし》をむすんで、星座《せいざ》をかたちづくり、星座神話《せいざしんわ》をうみだしてきました。おなじ星座《せいざ》でも、国《くに》や地域《ちいき》によってまったくちがう星座神話《せいざしんわ》があると知《し》ったのは、小学生《しょうがくせい》のころに『星《ほし》と伝説《でんせつ》』という本《ほん》を読《よ》んでからでした。

この本《ほん》をボロボロになるまでなんども読《よ》みかえし、そのうちに星座《せいざ》へのあこがれがたかぶり、天文写真《てんもんしゃしん》の世界《せかい》に入《はい》りました。そして今回《こんかい》、その本《ほん》『星《ほし》と伝説《でんせつ》』に自分《じぶん》の写真《しゃしん》が入《はい》ることになりました。

今夜《こんや》、晴《は》れていたら、ぜひ星空《ほしぞら》を見《み》あげてみてください。星座神話《せいざしんわ》のおもしろさとふしぎさをさらに感《かん》じることでしょう。

八《や》板《いた》康《やす》麿《まろ》

もくじ

夏《なつ》の星座《せいざ》 78

春《はる》の星座《せいざ》

北《きた》
北極星《ほっきょくせい》
こぐま座《ざ》
北斗七星《ほくとしちせい》
おおぐま座《ざ》
かに座《ざ》
西《にし》
しし座《ざ》
おとめ座《ざ》
うみへび座《ざ》
からす座《ざ》
南《みなみ》

明《あか》るい星《ほし》ぼしが多《おお》く、豪《ごう》華《か》な冬《ふゆ》の星空《ほしぞら》にくらべると、春《はる》の星《ほし》ぼしは落《お》ちついて見《み》えます。北《きた》の方角《ほうがく》をしめす北極星《ほっきょくせい》は２等星《とうせい》。天頂《てんちょう》の近《ちか》くには、ひしゃくの形《かたち》をした七《なな》つの星《ほし》の北斗七星《ほくとしちせい》があります。その北斗七星《ほくとしちせい》は、おおぐま座《ざ》の背中《せなか》からしっぽにあたり、そのしっぽをのばしていくと、うしかい座《ざ》のアルクトゥールスが、さらに南《みなみ》にのばすと、おとめ座《ざ》のスピカが、かがやきます。その先には、全天一《ぜんてんいち》長《なが》い星座《せいざ》のうみへび座《ざ》がひろがっています。おおぐま座《ざ》の南《みなみ》がわには、？マークを裏《うら》がえしたようなならびが目《め》じるしのしし座《ざ》があり、その西《にし》に、小《ちい》さな星団《せいだん》が光《ひか》るかに座《ざ》が見《み》つかります。

★富士山麓《ふじさんろく》、山梨県鳴沢村《やまなしけんなるさわむら》で
全天魚眼《ぜんてんぎょがん》レンズで撮影《さつえい》
５月上旬《がつじょうじゅん》、21時《じ》ごろ

おおぐま座《ざ》
こぐま座《ざ》

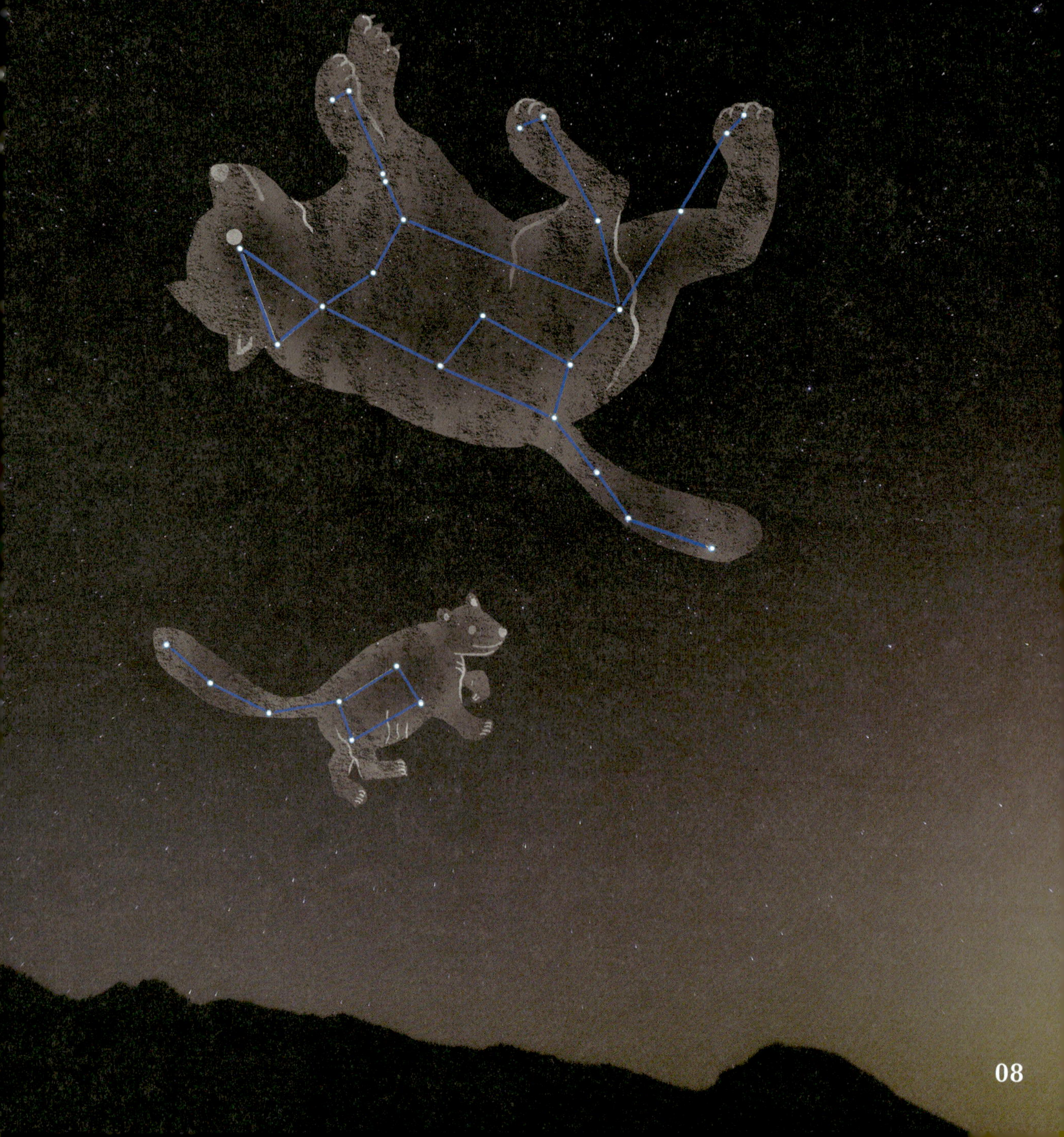

女神《めがみ》ののろい

くまになった美女《びじょ》

ギリシア神話《しんわ》という昔《むかし》ばなしにでてくる、月《つき》と狩《か》りの女神《めがみ》アルテーミスは、日《ひ》の神《かみ》アポローンの妹《いもうと》でした。

女神《めがみ》は、いつも、新月《しんげつ》の形《かたち》をした弓《ゆみ》をたずさえ、矢《や》づつを背《せ》おっていました。そして、夜《よ》どおし、森《もり》や川《かわ》や泉《いずみ》などにすむニンフ（美《うつく》しいすがたをした森《もり》や水《みず》の精《せい》）をおともにつれて、山《やま》や谷《たに》で、くまや鹿《しか》などを狩《か》りしていました。

アルテーミスは、おとめの女神《めがみ》なので、つれているニンフたちも、みんなおとめでした。そのなかのひとりに、アルカディアという国《くに》の王《おう》さまの子《こ》で、カリストーという美《うつく》しい娘《むすめ》がいました。

ところが、いたずらものの大神《おおがみ》ゼウスは、いつのまにか、このカリストーを愛《あい》して、じぶんの子《こ》どもを生《う》ませてしまいました。

ある日《ひ》、女神《めがみ》のアルテーミスは、森《もり》のおくの泉《いずみ》で、おとものニンフたちと水《みず》あびをしていて、とうとうカリストーのひみつを、見《み》やぶってしまいました。

女神《めがみ》は、たいへんおこって、カリストーに、のろいのことばをあびせかけました。

カリストーは、あわれみをこおうと、女神《めがみ》に手《て》をさしのべました。すると、玉《たま》のように美《うつく》しい両《りょう》うでには、みるみるまっ黒《くろ》い毛《け》がもしゃもしゃとはえ、つめはとがって、けもののかぎづめにかわってしまいました。そして、花《はな》びらの

おおぐま座《ざ》。それぞれの星《ほし》で色《いろ》がちがう（星《ほし》の色《いろ》がでるように撮影《さつえい》したもの）

ように、きれいなそのくちびるも、ふかくさけて、けものの口《くち》になりました。

あまりのかなしさに、泣《な》きさけぶカリストーの声《こえ》も、もう、人間《にんげん》のことばにはなりません。

「ウォー、ウォー！」

という、おそろしいくまのほえ声《ごえ》にきこえました。

カリストーは、しかたなく、すごすごと森《もり》のおくへはいっていきました。けれども、夜《よる》は森《もり》のなかにいるのがこわくなって、ときどき、村《むら》の近《ちか》くまで出《で》てきました。そして、犬《いぬ》にほえつかれて、また森《もり》へにげもどったりしていました。

カリストーは、じぶんが、いまでは森《もり》のけものたちのこわがる大《おお》ぐまになっていることをわすれて、びくびくしていたのです。そして、仲《なか》間《ま》のくまたちにであうのを、いちばんおそれていました。

なつかしいわが子《こ》

こうして、十五、六年《ねん》の年月《ねんげつ》がたちました。ある日《ひ》、くまになったカリストーは、森《もり》のなかで、若《わか》いりょうしにであいました。

このりょうしこそ、カリストーのうんだアルカスという子《こ》どもが、りっぱに成長《せいちょう》したすがただったのです。

母《はは》のカリストーは、なつかしさのあまり、じぶんがくまであることもわすれて、そばへかけよりました。

アルカスは、びっくりして、手《て》にしたやりをかまえ、いまにもくまを突《つ》きさそうとしました。

このありさまは、オリンポスという高《たか》い山《やま》から、いつも下界《げかい》をながめている、大神《おおがみ》ゼウスの目《め》にとまりました。大神《おおがみ》は、じぶんがうませたアルカスが、母《はは》のかわりはてたすがたとも知《し》らずに、くまをころそうとしているのを見《み》ると、さすがにふびんになりました。

そこで、つむじ風《かぜ》をふきおこして、母《はは》と子《こ》を天《てん》へまきあげ、アルカスを小《こ》ぐまにかえて、いっしょに星座《せいざ》として、北《きた》の空《そら》にすえました。

これが、わたしたちのいう、おおぐま、こぐまのふたつの星座《せいざ》であるといわれています。

女神《めがみ》ヘーラのねたみ

ところで、大神《おおがみ》のおきさきのヘーラは、気高《けだか》くはありましたが、たいそうねたみぶかい女神《めがみ》でした。

日《ひ》ごろ、にくいにくいと思《おも》っていたカリストーが、くまにかえられたときは、心《こころ》からいいきみだと思《おも》っていました。ところが、こんど、子《こ》どもといっしょに星《ほし》になってかがやきだしたのを見《み》ると、また、腹《はら》がたってたまらなくなりました。

そこで、ヘーラは、いそいでオリンポスの山《やま》をおりて、海《うみ》の神《かみ》オケアーノスと、女神《めがみ》のテーティスのところへかけこみました。

ふたりの神《かみ》がおどろいて、わけをたずねると、ヘーラはくやしそうに、

「だって、夜《よる》になって、北《きた》の空《そら》を見《み》てごらん。わたしが、寝《ね》てもさめても、にくくてたまらない、あのカリストー親子《おやこ》が、りっぱな星《ほし》にしてもらって、人間《にんげん》からもあおぎ見《み》られているんだもの。このくやしさは、わかってくれるでしょうね。

こうなったら、もうしかたがない。せめて、あの大《おお》ぐま、小《こ》ぐまの星《ほし》を、ひっきりなしに空《そら》をぐるぐるまわらせて、ほかの星《ほし》たちのように、海《うみ》にはいってやすむことができないようにして

月明《つきあ》かりにかがやくこぐま座《ざ》と山高神代桜《やまたかじんだいざくら》（山梨県北杜市《やまなしけんほくとし》）

やりたいのです。この役目《やくめ》を、あなたたちに、たのみにきたのですよ。」

といって、さっさと、オリンポスの山《やま》へかえっていきました。

夫《おっと》の大神《おおがみ》でさえ、たびたび手《て》をやくほどのえらい女神《めがみ》の命令《めいれい》です。

それからは、おおぐま、こぐまの星《ほし》の親子《おやこ》が、空《そら》をまわるのにくたびれて、しばらく海《うみ》でやすもうとおりてくると、ふたりの海《うみ》の神《かみ》は、

「いけない、いけない、ヘーラ女神《めがみ》のいいつけです。」

といって、空《そら》へ追《お》いかえしました。

こういうわけで、おおぐま、こぐまのふたつの星座《せいざ》は、永久《えいきゅう》に海《うみ》にしずまないことになったということです。

日本《にほん》の緯度《いど》でも、北《きた》のほうでは、このふたつの星座《せいざ》は、いつも水平線《すいへいせん》から上《うえ》で、天《てん》の北極《ほっきょく》を中心《ちゅうしん》にまわっています。

この星座《せいざ》のありさまを見《み》て、大《おお》むかしのギリシアでは、こんな星《ほし》の神話《しんわ》が生《う》まれたのでしょう。

ギリシア神話《しんわ》に出《で》てくる神《かみ》がみは、人間的《にんげんてき》な弱《よわ》みを持《も》っていて、特《とく》に大神《おおがみ》ゼウスの乱行《らんぎょう》は有名《ゆうめい》です。大神《おおがみ》が女神《めがみ》や人間《にんげん》の美女《びじょ》にたわむれるのに対《たい》して、妃《きさき》のヘーラの嫉妬《しっと》はきびしいものでした。ヘーラばかりではありません。日《ひ》の神《かみ》アポローンの妹《いもうと》アルテーミスの呪《のろ》いもきびしいもので、その憎《にく》しみを受《う》けた人間《にんげん》は、わけもなく獣《けもの》にされたり、一生《いっしょう》のあいだ呪《のろ》いがつづきます。

大神《おおがみ》ゼウスとカリストーのひみつを知《し》ったアルテーミスは、ついにカリストーを、みにくい大熊《おおぐま》の姿《すがた》に変《か》えてしまいました。その子《こ》アルカスも、小熊《こぐま》になって星座《せいざ》にくわえられました。

4月中旬《がつちゅうじゅん》、21時《じ》ごろの空《そら》

星《ほし》の名前	おおぐま座《ざ》
英語名《えいごめい》	Ursa Major
見《み》えやすい時期《じき》	1月中旬《がつちゅうじゅん》〜7月中旬《がつちゅうじゅん》
見《み》える方角《ほうがく》	北《きた》

おおぐま座《ざ》

7つの明《あか》るい星《ほし》がひしゃくの形《かたち》を作《つく》っている北斗七星《ほくとしちせい》。この北斗七星《ほくとしちせい》は「おおぐま座《ざ》」のくまの背中《せなか》からしっぽにあたります。頭《あたま》、前《まえ》あし、後《うし》ろあし、とむすんでいくと、とても大《おお》きなくまのすがたになります。ギリシア神話《しんわ》では、こぐま座《ざ》とともにくまの親子《おやこ》として登場《とうじょう》し、北天《ほくてん》の夜空《よぞら》で追《お》いかけっこをしています。

見《み》つけかた

まず、北斗七星《ほくとしちせい》を見《み》つけます。北《きた》の方角《ほうがく》に明《あか》るくかがやく、ひしゃくの形《かたち》をした７つの星《ほし》です。この北斗七星《ほくとしちせい》はおおぐま座《ざ》の背中《せなか》からしっぽにあたります。ひしゃくのおわんの先《さき》を見《み》ると、小《ちい》さな三角形《さんかくけい》があります。その三角形《さんかくけい》が頭《あたま》の部分《ぶぶん》です。そして、ひしゃくの下《した》に、星《ほし》がふたつずつならぶ３つのペアが見《み》えます。これらが前《まえ》あし、後《うし》ろあしとなり、大《おお》きなくまのすがたがあらわれます。

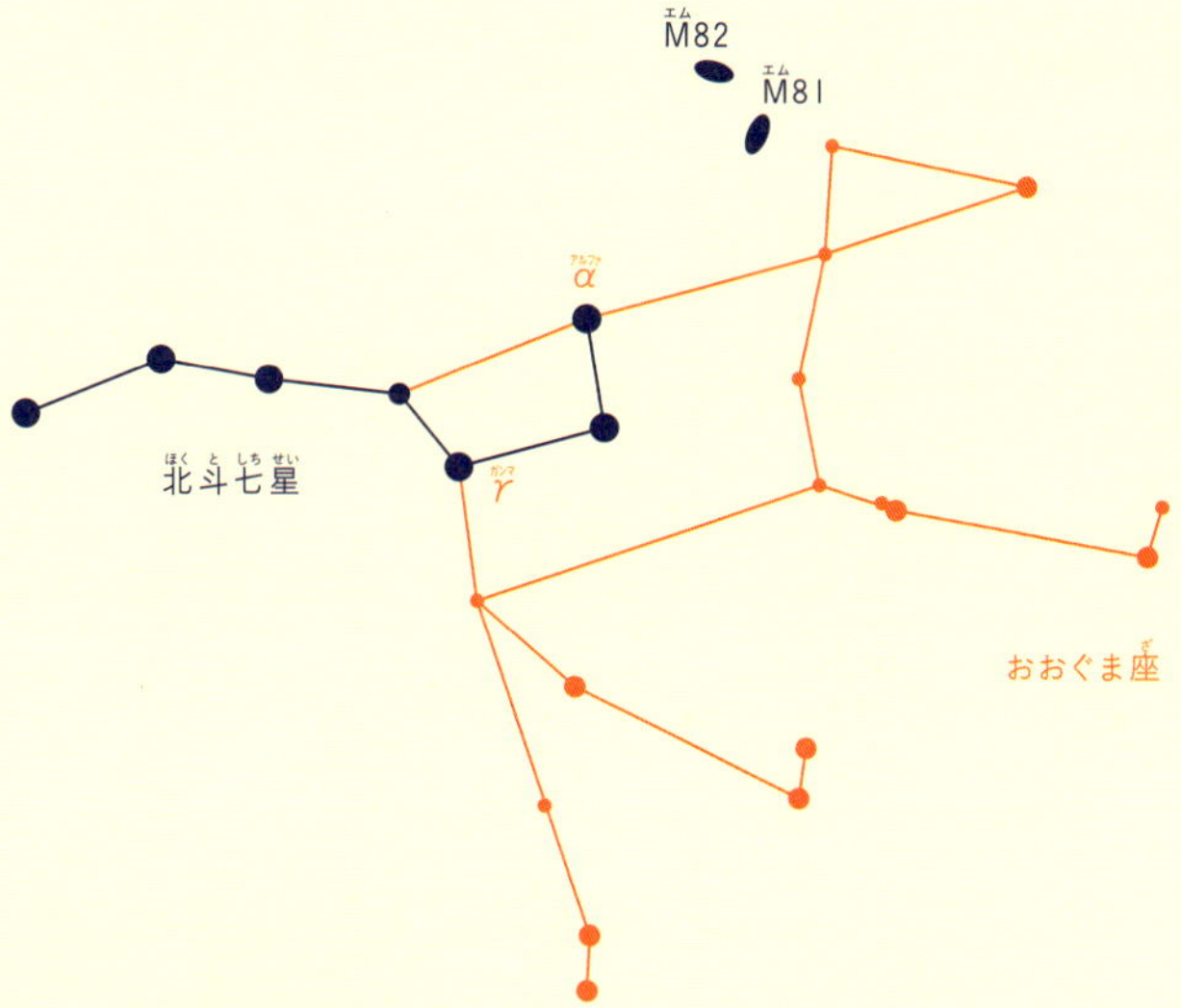

八《はち》の字《じ》にならぶ銀河《ぎんが》、M《エム》81（右《みぎ》）とM《エム》82（左《ひだり》）

ここにちゅうもく！

○銀河《ぎんが》、M《エム》81とM《エム》82

双眼鏡《そうがんきょう》で北斗七星《ほくとしちせい》のγ星《ガンマせい》を視野《しや》の中《なか》に入《い》れ、ゆっくりとα星《アルファせい》の方向《ほうこう》に動《うご》かしていきます。さらに先《さき》の方《ほう》に双眼鏡《そうがんきょう》を動《うご》かすと、「八《はち》」の字《じ》にならぶ雲状《くもじょう》にかがやくものが見《み》えます。だ円状《えんじょう》に見《み》えるのがうずまき銀河《ぎんが》のM《エム》81、細長《ほそなが》く光《ひか》っているのが銀河《ぎんが》・M《エム》82です。

こぐま座《ざ》

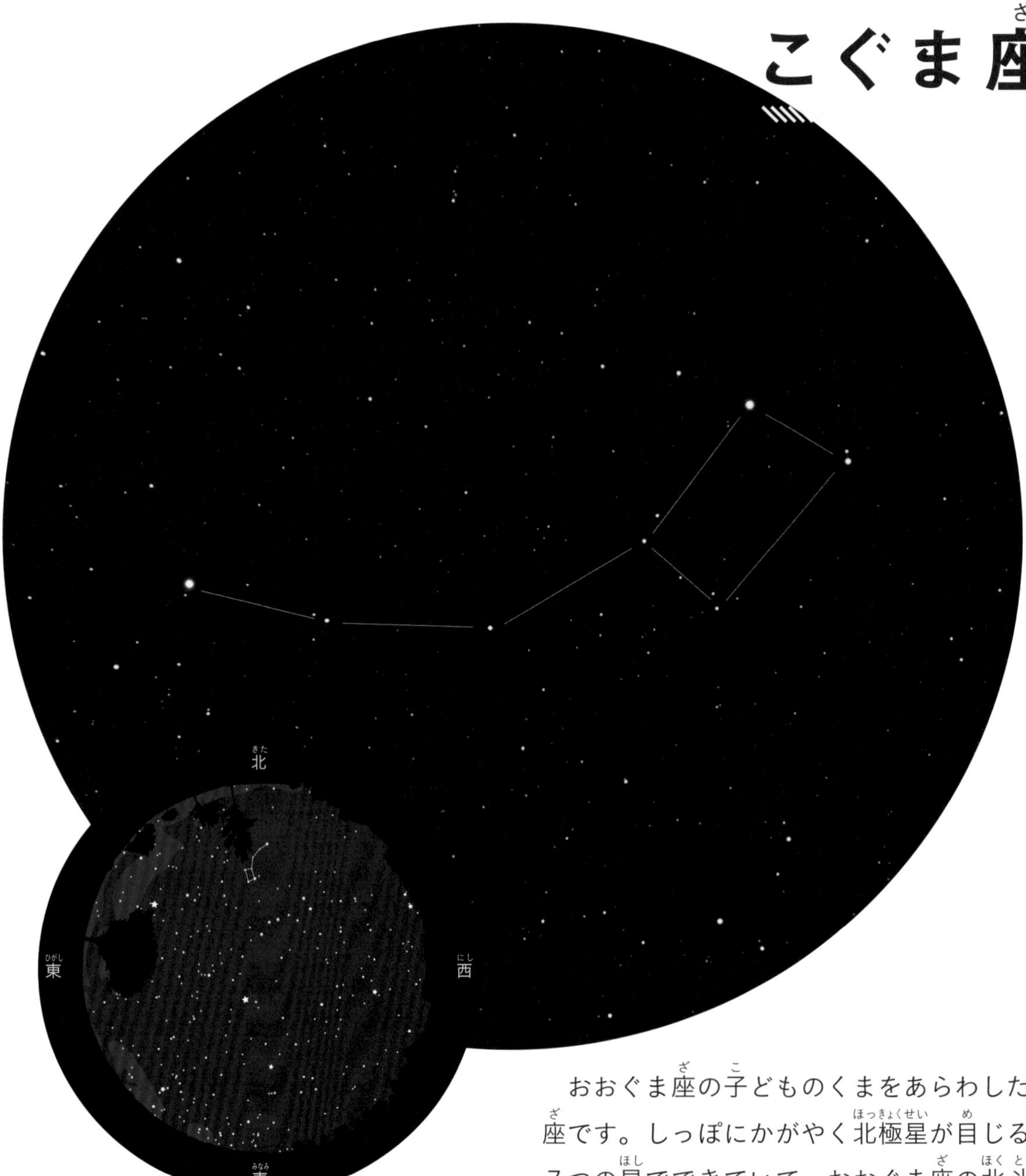

5月《がつ》下旬《げじゅん》、21時《じ》ごろの空《そら》

星《ほし》の名前《なまえ》	こぐま座《ざ》
英語名《えいごめい》	Ursa Minor
見《み》えやすい時期《じき》	一年中《いちねんじゅう》
見《み》える方角《ほうがく》	北《きた》

おおぐま座《ざ》の子《こ》どものくまをあらわした星《せい》座《ざ》です。しっぽにかがやく北極星《ほっきょくせい》が目《め》じるし。7つの星《ほし》でできていて、おおぐま座《ざ》の北斗七《ほくとしち》星《せい》の「大《おお》きな北斗《ほくと》」に対《たい》して、小《ちい》さな7つの星《ほし》のこぐま座《ざ》は「小《ちい》さな北斗《ほくと》」ともよばれています。

また、大神《おおがみ》ゼウスがこぐまを星《ほし》にしたときに、しっぽをつかんで投《な》げあげたので、こぐま座《ざ》のしっぽが長《なが》くなったという話《はなし》ものこっています。

見《み》つけかた

まず、北極星《ほっきょくせい》を見《み》つけます。北極星《ほっきょくせい》はおおぐま座《ざ》の北斗七星《ほくとしちせい》から見《み》つかります。北斗七星《ほくとしちせい》のおわんの部分《ぶぶん》をまっすぐ５倍《ばい》の距離《きょり》分《ぶん》のばしたところにある、明《あか》るい星《ほし》が北極星《ほっきょくせい》です。その北極星《ほっきょくせい》から７つの星《ほし》をむすんでいくと、小《ち》さなひしゃくの形《かたち》になり、これがこぐま座《ざ》です。

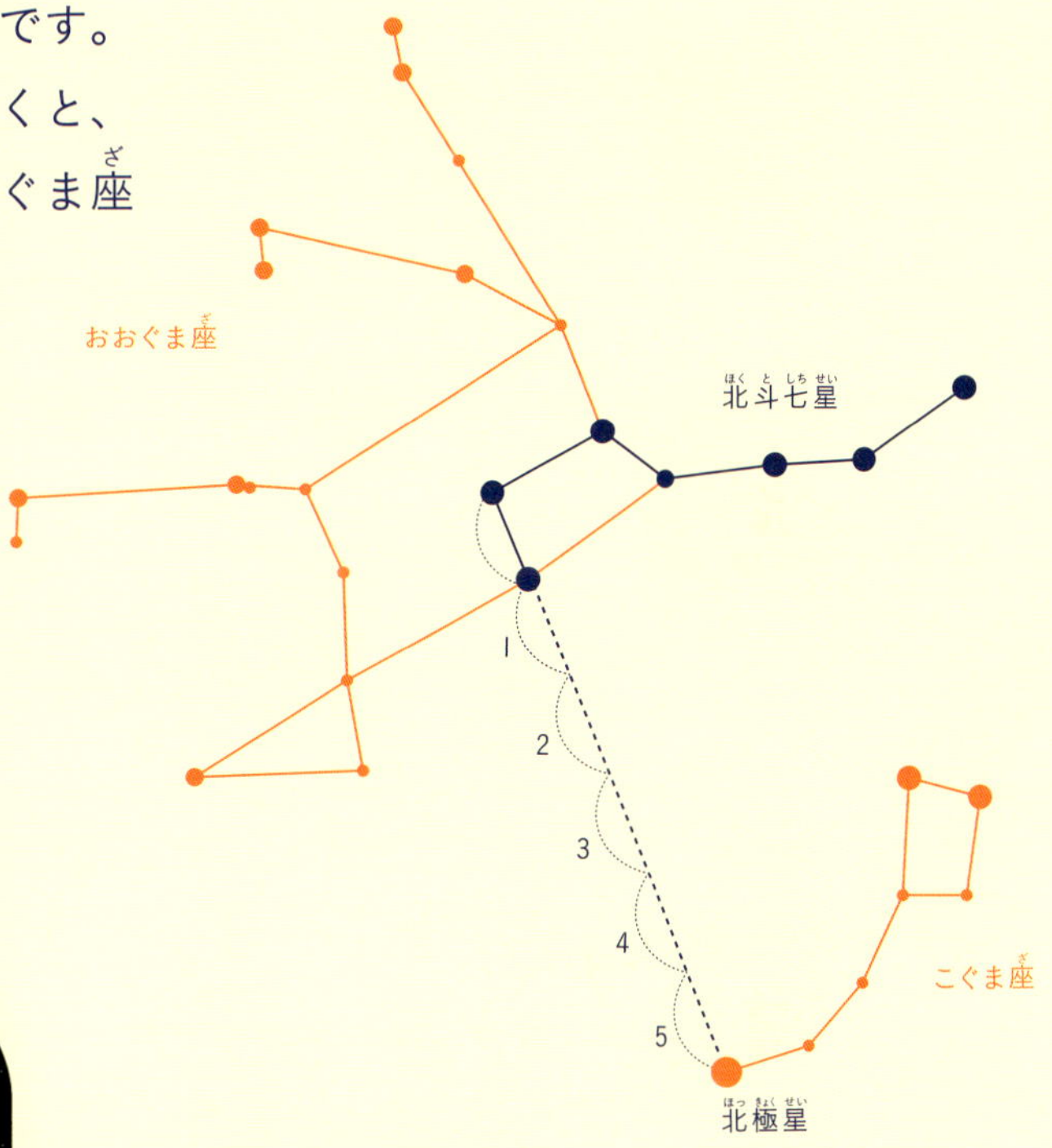

ここにちゅうもく！

○ぐるぐるまわるこぐま座《ざ》

こぐま座《ざ》は、北極星《ほっきょくせい》を中心《ちゅうしん》に、反時計回《はんとけいまわ》りにぐるぐるとまわっています。１日《にち》に北極星《ほっきょくせい》のまわりを１周《しゅう》します。

左《ひだり》の写真《しゃしん》は、星《ほし》の動《うご》きがよくわかるように、こぐま座《ざ》を撮影《さつえい》したもの。星《ほし》ぼしが動《うご》いているようすが写《うつ》っています。

北《ほく》斗《と》七《しち》星《せい》

ぶたにばけた七《なな》つ星《ぼし》

星《ほし》うらないの名人《めいじん》

いまから千三百年《ねん》ほどむかし、中国《ちゅうごく》の唐《とう》という時代《じだい》に、一行《いちぎょう》という坊《ぼう》さんがありました。

一行《いちぎょう》は、暦《こよみ》づくりの大家《たいか》で、この人《ひと》のつくった暦《こよみ》は、日本《にほん》でもつかわれていました。また、天文学《てんもんがく》にもすぐれていて、星《ほし》を見《み》ては、国家《こっか》や天子《てんし》(皇帝《こうてい》)の運勢《うんせい》をうらない、その道《みち》の名人《めいじん》とまでいわれていました。そして、空《そら》になにかかわったことでもおこると、すぐさま天子《てんし》にめされて、なんのまえぶれか、うらないをさせられていました。

ある日《ひ》、一行《いちぎょう》の家《いえ》へ、身《み》なりのまずしいひとりの老婆《ろうば》が、顔色《かおいろ》をかえてかけこんできました。

門番《もんばん》が、いくら追《お》いはらおうとしても、いっこうにうごこうとしません。そのうえ、大声《おおごえ》をあげて、

「王婆《おうば》がきたといっておくれ。一行《いちぎょう》さんが、どんなにえらくなっても、わたしの名《な》をきけば、会《あ》いなさるにちがいないよ。」

と、わめくのです。しかたがないので、門番《もんばん》は、一行《いちぎょう》に知《し》らせました。

「王婆《おうば》とは、めずらしい人《ひと》が見《み》えたものじゃ。すぐ、ここへあんないしなさい。」

一行《いちぎょう》は、なつかしそうにいいました。

そこで、王婆《おうば》は、りっぱなへやにとおされました。そして、一行《いちぎょう》を見《み》るなり、そのころもにすがりついて、ワアワア泣《な》きだしました。

「まあ、おばあさん、どうなさった。わたしは、まだ書生《しょせい》(学問《がくもん》を勉強中《べんきょうちゅう》の学生《がくせい》)のじぶん、おまえさんの家《いえ》で、えらいせわになった。その恩《おん》はわすれたことはありませんよ。よくきてくれましたね。」

と、一行《いちぎょう》が、やさしいことばをかけると、

「そんなら、なぜ、わたしの息子《むすこ》を見《み》ごろしにしておくんですかい。」

と、王婆《おうば》は、こんどはくってかかりました。

「なんのことか、わたしには、さっぱりわからない。まあ、おちついてくわしく話《はな》してごらんなさい。」

一行《いちぎょう》のことばに、王婆《おうば》は、せきこんでいいました。

「一行上人《いちぎょうしょうにん》ともいわれる人《ひと》が、知《し》らないわけはありますまい。きょ年《ねん》のいまごろ、東門《とうもん》のそとで、人《ひと》がころされた事件《じけん》がありましたね。わたしの息子《むすこ》は、そのまきぞえをくって、裁判《さいばん》されているんですが、それがだらだら長《なが》びいて、いまでも牢屋《ろうや》につながれているんですよ。あなたが口《くち》をきけば、天子《てんし》さまでも、すぐにおとりあげになるっていうじゃありませんか。」

「それは、ことと、ばあいによりますよ。裁《さい》判《ばん》にまで口《くち》をだす資格《しかく》は、わたしにはないのでね。」

と、一行《いちぎょう》がことわりをいうと、王婆《おうば》は目《め》をいからせて、

「罪《つみ》のない人間《にんげん》も助《たす》けられないくせに、それでえらい坊《ぼう》さんだなんて、まったく、あきれたも

北極星《ほっきょくせい》（中央《ちゅうおう》からやや左《ひだり》にある明《あか》るい星《ほし》）と北斗七星《ほくとしちせい》（右《みぎ》）

んだ。この、恩知《おんし》らずめ！」

と、どなりたてました。一行《いちぎょう》も、これにはこまってしまい、

「なにか手《て》だてがあればいいが……まあ、きょうは、おとなしくかえりなさい。」

と、やっとなだめておくりだしました。

七ひきのぶた

その晩《ばん》、一行《いちぎょう》は、北《きた》の空《そら》の北斗七星《ほくとしちせい》をあおいで、なにかしきりに祈《いの》っていました。そして、あくる日《ひ》、渾天寺《こんてんじ》という大《おお》きな寺《てら》へでかけました。

寺《てら》では、ふしん(建築工事《けんちくこうじ》)がはじまっていて、たくさんの人夫《にんぷ》がはたらいていました。一行《いちぎょう》がはいってきたのを見《み》ると、みんな、ていねいにおじぎをしました。

一行《いちぎょう》は、そのうちからふたりの人夫《にんぷ》をよんで、

「ひとつ、たのみがあるのだが。大《おお》きなかめをはこんできて、あちらのあきべやへすえておくれ。」

と、命《めい》じました。ふたりは、さっそく、いいつけられたとおりにしました。

つぎに、一行《いちぎょう》は、とびきり大《おお》きな布《ぬの》ぶくろをもってこさせ、

「これを車《くるま》にのせて、わたしといっしょにきておくれ。」

と、ふたりをつれて、町《まち》はずれの人《ひと》どおりのない、ふくろ横町《よこちょう》へやってきました。

「いいかね。おまえたちは、夕《ゆう》がたまで、ここではり番《ばん》をしているのじゃ。すると、なにか七ひき、この横町《よこちょう》にはいってくるものがある。それをのこらずつかまえ、ふくろへおしこんで、車《くるま》で、さっきのへやまではこんでくるのじゃ。わたしは、あそこでまっているからね。」

と、いいつけました。ふたりの男《おとこ》は、

「いったい、なにがはいってくるんだろう。」

と、話《はな》しあいましたが、なにしろ、えらい坊《ぼう》さんの命令《めいれい》なので、いいつけどおり、そこでまちかまえていました。

すると、日《ひ》がしずんで、あたりがうす暗《ぐら》くなったころ、どこからともなく、ぶたが一ぴきはいりこんできました。そして、ゆきどまりなので、まごまごしていました。

「これらしいぞ。」

と、ふたりはぶたを追《お》いまわして、つかまえ、布《ぬの》ぶくろにおしこめました。

つづいて、一ぴき、また一ぴきと、まぎれこ

日《ひ》の出《で》直前《ちょくぜん》、薄明《うすあか》るい空《そら》に光《ひか》る北斗七星《ほくとしちせい》

んできたぶたを、とうとう、ぜんぶで七ひきつかまえました。

ふくろの口《くち》をしめると、ぶたはくるしがって、ブウブウなきながらあばれました。それを車《くるま》にのせ、やっとのことで、寺《てら》まではこんでいきました。

寺《てら》には、一行《いちぎょう》がまちかまえていて、

「やあ、ごくろう、ごくろう。――ほほう、わたしの思《おも》ったとおり、ぶたになってやってきたな。」

と、いいました。

それから、ふくろの口《くち》をほどいて、ぶたを一ぴき一ぴき、用意《ようい》している大《おお》がめのなかへ追《お》いこみました。そして、あつい木《き》のふたをかぶせて、泥《どろ》でかたくふうをしました。

ふたりの人夫《にんぷ》は、たくさんお礼《れい》の金《かね》をもらったので、よろこんでかえっていきました。

天子《てんし》のおどろき

さて、その晩《ばん》のことです。

天文台《てんもんだい》の役人《やくにん》たちは、いつものように空《そら》をながめていましたが、ひとりが、北《きた》のほうを見《み》あげて、

「はて、へんなことがあるぞ。こんなによく晴《は》れていて、どの星《ほし》も、みんなきらきら光《ひか》っているのに、北斗七星《ほくとしちせい》だけがでていない。」

と、いいだしました。

「そんなはずはない。」

と、みんなは、きょろきょろ見《み》まわしましたが、たしかに、北斗七星《ほくとしちせい》は光《ひか》っていません。

「これは、たいへんだ！」

と、台長《だいちょう》の博士《はかせ》がさけびました。

「北斗《ほくと》は帝車《ていしゃ》なりといって、むかしから、天子《てんし》の車《くるま》にたとえられているだいじな七《なな》つ星《ぼし》だ。それがきえうせたのは、もしかしたら、天子《てんし》のお身《み》のうえに、なにか不吉《ふきつ》なことがおこるまえぶれかもしれんぞ。」

そこで、博士《はかせ》はあわてて宮殿《きゅうでん》へ走《はし》っていき、玄宗皇帝《げんそうこうてい》（唐の第六代皇帝。在位七一二〜七五六年）に、それを報告《ほうこく》しました。

玄宗《げんそう》もおどろいて、すぐ一行上人《いちぎょうしょうにん》のところへ使者《ししゃ》を走《はし》らせ、宮中《きゅうちゅう》へめしだしました。

「北斗七星《ほくとしちせい》が、こん夜《や》、七つともきえたというが、これは、どういう天《てん》のおつげか、うらなってもらいたい。」

皇帝《こうてい》のおおせに、一行《いちぎょう》は白《しろ》いまゆをひそめて、ころものそでをかきあわせ、

「まことに、よういならぬ天変《てんぺん》でございます。

むかし、漢《かん》の時代《じだい》にも、これとおなじことがございました。

わたしが考《かんが》えますのに、これは、罪《つみ》のないものが、犯人《はんにん》のうたがいをうけて、長《なが》らく牢屋《ろうや》に入《い》れられておるためかと思《おも》われます。それを、天《てん》の神《かみ》さまがおいかりになって、北斗七星《ほくとしちせい》をおかくしになったのでございましょう。」

と、こたえました。

皇帝《こうてい》が、さっそく裁判官《さいばんかん》をよびだして、しらべてみると、王《おう》という若者《わかもの》が、東門《とうもん》のそとの殺《さっ》人事件《じんじけん》で、長《なが》いこと牢屋《ろうや》につながれていることがわかりました。

そこで、あらためて裁判《さいばん》をやりなおさせたところ、若者《わかもの》には、まったく罪《つみ》がないことがわかって、すぐ、牢屋《ろうや》からだされました。

王婆《おうば》は大《おお》よろこびで、息子《むすこ》をつれて一行《いちぎょう》の家《いえ》にいき、三拝九拝《さんぱいきゅうはい》して（なんどもおじぎをして）礼《れい》をいいました。

「それはよかった。天《てん》の神《かみ》さまがお助《たす》けくださったのじゃ。いや、わたしはぐずぐずしてはおれない。やりのこしたことがあった。」

と、一行《いちぎょう》は、いそいで渾天寺《こんてんじ》へでかけました。

そして、あきべやにおいてあった大《おお》がめの泥《どろ》のふうをはがし、ふたをひらきました。

すると、かめから白気《はっき》が立《た》ちのぼり、七ひきのぶたが、ブウブウなきながらあらわれた、と見《み》るや、たちまちつぎつぎに空《そら》へのぼっていきました。

その晩《ばん》、天文台《てんもんだい》の役人《やくにん》たちが、空《そら》を見《み》あげていると、しばらくかげをけしていた北斗七星《ほくとしちせい》が、ひとつひとつあらわれ、やがて七つそろって、きらきらとかがやきはじめました。玄宗《げんそう》は、

ほっと安心《あんしん》して、

「ありがたいことだ。天《てん》の神《かみ》さまのおいかりがとけたとみえる。」

といって、北斗《ほくと》七星《しちせい》をおがみました。

北斗《ほくと》七星《しちせい》は、西洋《せいよう》ではくまの形《かたち》と見《み》られて、天文《てんもん》ではおおぐま座《ざ》の一部《いちぶ》になっていますが、中国《ちゅうごく》では、七ひきのぶたの精《せい》と見《み》てきました。それで、一行上人《いちぎょうしょうにん》が、北斗《ほくと》に祈《いの》って、それをぶたのすがたにかえ、空《そら》からおりてこさせたという伝説《でんせつ》が生《う》まれたのです。

これは中国《ちゅうごく》の北斗《ほくと》七星《しちせい》にむすびついた物語《ものがたり》です。七つの星《ほし》を七人《にん》の人間《にんげん》や七ひきの動物《どうぶつ》と見《み》ることも自然《しぜん》で、世《せ》界《かい》の諸民族《しょみんぞく》にその例《れい》が少《すく》なくありません。しかし、ぶたという動物《どうぶつ》に縁《えん》の深《ふか》い中国《ちゅうごく》で、これを七ひきのぶたと見《み》て、それが下界《げかい》にくだって、高僧《こうそう》の秘術《ひじゅつ》にかかり、大《おお》がめの中《なか》に捕《と》らえられたという話《はなし》はたいへんゆかいです。

北斗七星《ほくとしちせい》

4月中旬《がつちゅうじゅん》、21時《じ》ごろの空《そら》

星《ほし》の名前《なまえ》	北斗七星《ほくとしちせい》
英語名《えいごめい》	Big Dipper
見《み》えやすい時期《じき》	1月中旬《がつちゅうじゅん》～8月中旬《がつちゅうじゅん》
見《み》える方角《ほうがく》	北《きた》

北《きた》の空高《そらたか》くに見《み》える、7つの星《ほし》。ひしゃくの形《かたち》をしていることから、「北斗七星《ほくとしちせい》」とよばれています（「斗《と》」にはひしゃくという意《い》味《み》があります）。16ページで解説《かいせつ》したように、おおぐま座《ざ》の背中《せなか》からしっぽの部分《ぶぶん》にあたります。

日本《にほん》では、むかしは「しそぼし」「七星《しちじょう》さま」「四三《しそう》の星《ほし》」などともよばれ、したしまれてきました。

ここにちゅうもく！

○7つの星《ほし》でできたひしゃくの形《かたち》

北斗七星《ほくとしちせい》のひしゃくの形《かたち》を作《つく》っているのは、おおぐま座《ざ》のα星《アルファせい》のドゥベ、β星《ベータせい》のメラク、γ星《ガンマせい》のフェクダ、δ星《デルタせい》のメグレズ、ε星《エプシロンせい》のアリオト、ζ星《ゼータせい》のミザール、η星《イータせい》のアルカイドの7つの星《ほし》です。3等星《とうせい》のメグレズ以外《いがい》はすべて2等星《とうせい》。春《はる》の星空《ほしぞら》のなかでも明《あか》るく、見《み》つけやすい星《ほし》ぼしです。

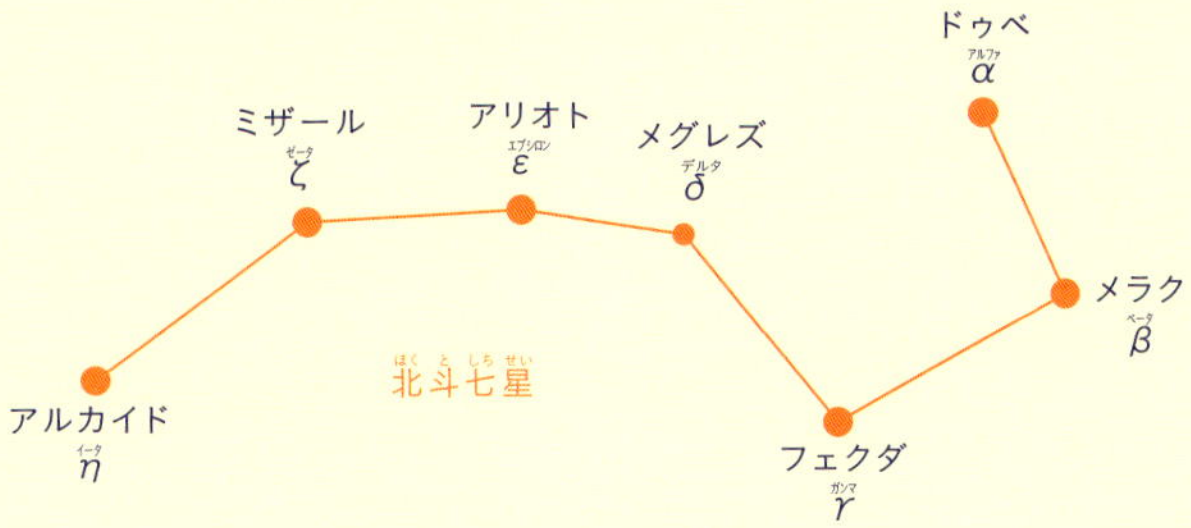

ミザールとアルコル

○視力検査《しりょくけんさ》に使《つか》われたふたつの星《ほし》

北斗七星《ほくとしちせい》の柄《え》のはじから2番目《ばんめ》にちょっと変《か》わった星《ほし》があります。2等星《とうせい》のミザールです。ミザールをよく見《み》ると、となりにもうひとつ暗《くら》い星《ほし》が見《み》えます。この星《ほし》はアルコルとよばれています。このふたつの星《ほし》は、むかしは視力検査《しりょくけんさ》にも使《つか》われ、肉眼《にくがん》でこのふたつの星《ほし》が見《み》えれば、視力《しりょく》がよいとされていました。夜空《よぞら》が澄《す》んでいるとき、ぜひ挑戦《ちょうせん》してみてください！

北《ほっ》極《きょく》星《せい》

荒乗《あらの》りの名人《めいじん》徳蔵《とくぞう》

むかし、浪速《なにわ》(いまの大阪《おおさか》)に、桑名屋徳蔵《くわなやとくぞう》という名高《なだか》い船頭《せんどう》がいました。

そのころの船頭《せんどう》は、いまの船長《せんちょう》のことです。徳蔵《とくぞう》は、千石船《せんごくぶね》(米《こめ》を千石《ごく》つむ大《おお》きな船《ふね》。一石《こく》は約《やく》一八〇リットル)に帆《ほ》をあげて、蝦夷《えぞ》(いまの北海道《ほっかいどう》)へわたっては、こんぶやにしんをつんでかえり、それで商売《しょうばい》をしていました。

この徳蔵《とくぞう》は、船《ふね》をあやつることにかけては、神《かみ》さまのようだといわれていました。また、星《ほし》を見《み》て方角《ほうがく》をたしかめることも、仲間《なかま》の船乗《ふなの》りたちにおしえていました。

そのころの船頭《せんどう》は、追《お》い風《かぜ》がふきだすのをまって、船《ふね》をだしていました。ところが、徳蔵《とくぞう》は、大《おお》きな帆《ほ》のほかに、帆《ほ》をもう一枚《まい》はって、むかい風《かぜ》を利用《りよう》して、荒海《あらうみ》を乗《の》りこえて船《ふね》を走《はし》らせる方法《ほうほう》を発明《はつめい》したのです。これを、「荒乗《あらの》り」といいます。

また、徳蔵《とくぞう》は、ときどきこんなこともやりました。

風《かぜ》のむきがわるくて、せまい港《みなと》のなかで、船《ふね》がおしあっているときに、追《お》い風《かぜ》をすこし帆《ほ》にうけて、船《ふね》をだしました。それを見《み》たほかの船《ふね》は、徳蔵《とくぞう》の船《ふね》がでたのだからだいじょうぶだろ

うと思《おも》い、いっせいに港《みなと》をでました。すると、徳蔵《とくぞう》は、そのすきにむかい風《かぜ》を利用《りよう》してひろくなった港《みなと》へもどり、場所《ばしょ》のよいところへいかりをおろして、知《し》らん顔《かお》をしていたということです。

徳蔵《とくぞう》は、また、たいへんだいたんな男《おとこ》でした。遠州灘《えんしゅうなだ》（愛知県《あいちけん》と静岡県《しずおかけん》の沖《おき》あい）の七十五里《り》（約《やく》三〇〇キロメートル）を荒乗《あらの》りしていると、よく船《ふね》に魔《ま》ものがとりつくことがありました。ことに、雨《あめ》のふる夜《よる》などには、船《ふね》のへさきに、なんとも知《し》れないものが、よくあらわれました。

ある晩《ばん》のことです。のっぺらぼうのばけものがあらわれて、

「徳蔵《とくぞう》、おまえは、この世《よ》のなかで、なにがいちばんこわいかあ。」

と、気味《きみ》のわるい声《こえ》でいいました。

北《きた》の空《そら》にかがやく北極星《ほっきょくせい》

「わしのこわいものは、鼻《はな》の下一寸《したいっすん》四方《しほう》だよ。」

と、徳蔵《とくぞう》は、平気《へいき》な声《こえ》でこたえました。すると、ばけものは、あわててきえてしまったということです。


鼻《はな》の下一寸《したいっすん》四方《しほう》というのは、口《くち》のことで、つまり、食《た》べ物《もの》にこまるのがいちばんこわいということです。


また、ま夜中《よなか》に、船《ふね》のゆくてに、とつぜん山《やま》があらわれたり、城《しろ》のようなものが立《た》ちふさがることがありました。かじとりが、びっくりして、

「親方《おやかた》、あの山《やま》の城《しろ》を、どう乗《の》りこえたらよいでしょうか。」

と、たずねると、徳蔵《とくぞう》はすこしもあわてず、

「わけないことだ。山《やま》なら谷《たに》があるから、谷《たに》にむかって走《はし》れ。城《しろ》なら、門《もん》にむかってつっ

こめ。」

と、こたえました。そのとたん、山《やま》も、城《しろ》も、いっぺんにきえてしまったといわれます。

うごく北極星《ほっきょくせい》

ところで、桑名屋徳蔵《くわなやとくぞう》が、こんな荒乗《あらの》りの名《めい》人《じん》となったのも、妻《つま》がかしこい女《おんな》だったからです。

徳蔵《とくぞう》が、二枚《まい》の帆《ほ》をつかいわけて、荒乗《あらの》りをくふうしたのも、もとはといえば、妻《つま》が針《はり》しごとをしていたときに、ぬっていた布《ぬの》と針《はり》とで思《おも》いついたのだということです。

けれども、この妻《つま》が発見《はっけん》したことで、いちばん有名《ゆうめい》なのは、北極星《ほっきょくせい》がすこしずつうごいて、位置《いち》をかえるということです。

北極星《ほっきょくせい》は、十二支《じゅうにし》でいうと、子《ね》(北《きた》)の方角《ほうがく》にあたるので、むかしから、「ネノホシ」といわれていました。これが、海《うみ》の上《うえ》で方角《ほうがく》を知《し》るのにたいせつな星《ほし》であることは、いうまでもありません。

徳蔵《とくぞう》は、北《きた》の蝦夷地《えぞち》にむかって船《ふね》をすすめるときにも、まい晩《ばん》、このネノホシを見《み》のがさないようにしていました。

さて、ある年《ねん》のことです。徳蔵《とくぞう》が蝦夷地《えぞち》へでかけたるすのあいだ、妻《つま》は、倉《くら》の二階《かい》で、せっせと機《はた》をおっていました。

そして、暗《くら》い窓《まど》からのぞいているネノホシを、ときどき見《み》あげては、

「夫《おっと》は、いまごろ、どこを走《はし》っていなさるかしら。こん夜《や》もきっと、あの星《ほし》を目《め》あてに、日本《にほん》海《かい》を走《はし》っていなさるでしょう。」

と、思《おも》っていました。

　ところが、すこしたって窓《まど》を見《み》あげると、ネノホシは格子《こうし》の一本《ぽん》の木《き》にかくれて、見《み》えなくなっているではありませんか。

「おやっ？」

と思《おも》って、じっと見《み》まもっているうちに、ネノホシは格子《こうし》の木《き》をはずれて、また、あらわれました。

　妻《つま》は、これはきっと、じぶんの目《め》のあやまりだと思《おも》いました。

　けれども、なおよくたしかめるために、妻《つま》は、あくる晩《ばん》は、たらいに水《みず》をいっぱい入《い》れて、ひ

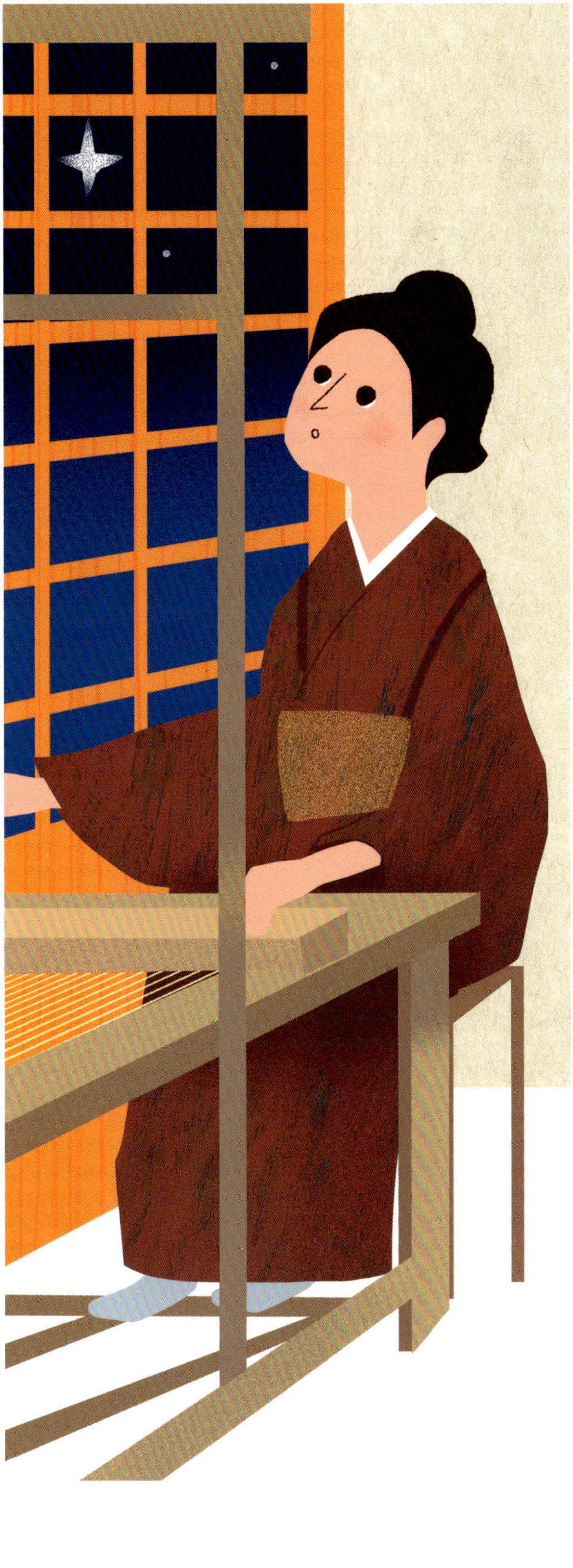

と晩《ばん》じゅう、そのなかにすわって、ネノホシを見《み》まもっていました。

水《みず》のなかにすわったのは、眠《ねむ》けのさしてくるのをふせぐためでした。そして、じっと夜《よ》あけまで見《み》つめていると、ネノホシが、とちゅうからあともどりするのに気《き》づきました。

それから、しばらくたって、徳蔵《とくぞう》はぶじにかえってきました。

妻《つま》は、潮風《しおかぜ》で黒《くろ》くやけて、いよいよ海《うみ》の男《おとこ》らしくなった夫《おっと》を、いそいそとむかえて、みやげ話《ばなし》に、ときのたつのもわすれていました。しかし、やがて、ことばをあらためていいだしました。

「あなたは、夜《よ》なかに船《ふね》を走《はし》らせるのに、なにを方角《ほうがく》の目《め》じるしになさいますか。」

「きまってるじゃないか。いつだって、ネノホシさんを目《め》あてにしているよ。」

と、徳蔵《とくぞう》は、けげんな顔《かお》でこたえました。

「では、あのお星《ほし》さんは、ひと晩《ばん》にどのくらいうごきますか。」

「なにをいうのだ。あの星《ほし》は、いつも、ひとところにじっとしているよ。」

「ちがいます。ネノホシさんは、ひと晩《ばん》に四寸《すん》(やく十二センチ)もまわるのです。それを知《し》らないで船《ふね》を走《はし》らせると、とんだまちがいをおこしますよ。」

こういって、妻《つま》は、じぶんが窓《まど》の格子《こうし》をもとにして観察《かんさつ》した、星《ほし》の話《はなし》をしてきかせました。

徳蔵《とくぞう》は、すっかり感心《かんしん》して、

「いいことをおしえてくれた。これは、船乗《ふなの》りにはたいせつな知識《ちしき》だ。よし、さっそく、みんなに知《し》らせてやろう。」

森《もり》のむこうにかがやく北極星《ほっきょくせい》

と、いいました。

この話《はなし》は、たちまち、港《みなと》から港《みなと》へとつたわって、しまいには、日本《にほん》じゅうにひろがりました。

いまでは、北極星《ほっきょくせい》が小《ちい》さい円《えん》をえがきながら、天《てん》の北極《ほっきょく》を中心《ちゅうしん》にしてまわっていることを知《し》らない船乗《ふなの》りはありません。

けれども、星《ほし》のことについて、この徳蔵夫婦《とくぞうふうふ》のように、はじめて発見《はっけん》した人《ひと》の名《な》がわかっているという例《れい》は、外国《がいこく》でもすくないことです。

徳蔵《とくぞう》は、このように浪速《なにわ》の名船頭《めいせんどう》として、日本《にほん》じゅうに有名《ゆうめい》だったので、いろいろな伝説《でんせつ》が生《う》まれました。

四十二歳《さい》で死《し》んだときは、あさの上下《かみしも》をつけ、刀《かたな》をさし、日《ひ》の丸《まる》のおうぎをかざして、船《ふな》べりから、阿波《あわ》の鳴門《なると》のうずまきのなかへとびこんだといわれています。

北極星《ほっきょくせい》は北《きた》の目《め》じるしの星《ほし》で、ふつうは動《うご》かない星《ほし》となっています。しかし、正《ただ》しくいうと、天《てん》の北極《ほっきょく》（地球《ちきゅう》の北極《ほっきょく》の真上《まうえ》の点《てん》）とは、見《み》かけの月《つき》をふたつならべたほどの間《あいだ》があって、一日《にち》に一回《かい》の周極運動《しゅうきょくうんどう》をくりかえしています。

西洋《せいよう》ではいつの時代《じだい》に、どこの国《くに》のなんという人《ひと》が、この北極星《ほっきょくせい》の動《うご》いているのを発見《はっけん》したかわかっていませんが、日本《にほん》では、江戸時代《えどじだい》に、船頭《せんどう》の妻《つま》が発見《はっけん》したことになっています。たいへんめずらしい話《はなし》で、日本《にほん》の天文史上《てんもんしじょう》特筆《とくひつ》すべきことだと思《おも》います。

十二支《じゅうにし》と方角《ほうがく》

「北極星《ほっきょくせい》もうごく」のお話《はなし》のなかで、

「北極星《ほっきょくせい》は、十二支《じゅうにし》でいうと、子《ね》（北《きた》）の方角《ほうがく》にあたるので、むかしから、『ネノホシ』といわれていました。」

という文章《ぶんしょう》がありました。十二支《じゅうにし》といえば、生《う》まれた年《とし》のことで、方角《ほうがく》が関係《かんけい》あるの？と思《おも》ったかもしれません。十二支《じゅうにし》は、むかしは時刻《じこく》や方角《ほうがく》をあらわすのにも使《つか》われていたのです。子丑寅卯辰巳午未申酉戌亥《ねうしとらうたつみうまひつじさるとりいぬい》の 12 個《こ》の言葉《ことば》で、時《とき》と方角《ほうがく》をあらわします。そして、それぞれに、ねずみ、うし、とら、うさぎ、りゅう、へび、うま、ひつじ、さる、とり、いぬ、いのししの動物《どうぶつ》をあてはめているのです。

北極星《ほっきょくせい》

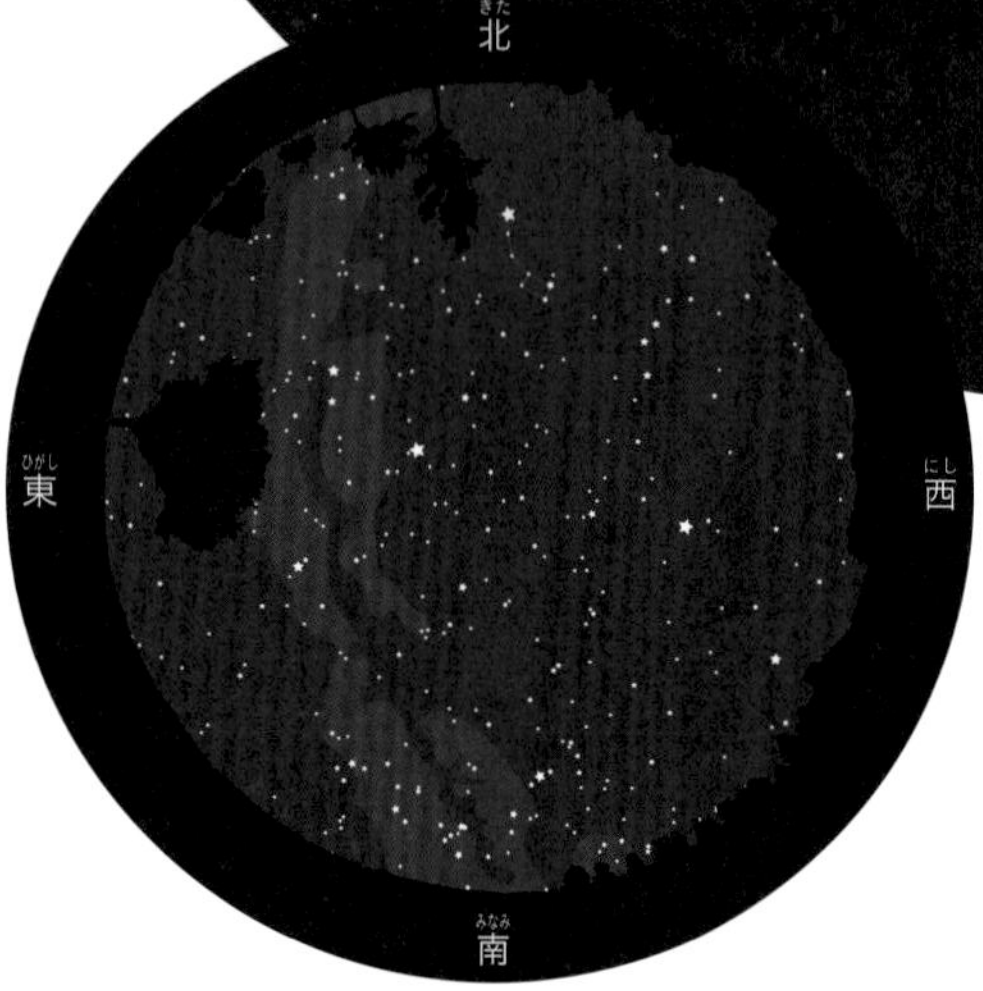

7月中旬《がつちゅうじゅん》、21時《じ》ごろの空《そら》

星《ほし》の名前《なまえ》	北極星《ほっきょくせい》
英語《えいご》	Polaris
見《み》えやすい時期《じき》	一年中《いちねんじゅう》
見《み》える方角《ほうがく》	北《きた》

北極星《ほっきょくせい》は北極《ほっきょく》の真上《まうえ》にある星《ほし》で、1年《ねん》じゅう、北《きた》の方角《ほうがく》にかがやいています。北極星《ほっきょくせい》をさがせば方角《ほうがく》を知《し》ることができるため、むかしは海《うみ》を船《ふね》でわたるときなどに大切《たいせつ》なみちしるべとされていました。

日本《にほん》がある北半球《きたはんきゅう》では、北極星《ほっきょくせい》付近《ふきん》を中心《ちゅうしん》に星《ほし》ぼしが反時計回《はんとけいまわ》りに動《うご》きます。また、ニュージーランドやオーストラリアなどがある南半球《みなみはんきゅう》からは見《み》えません。

見《み》つけかた

19ページで、北斗七星《ほくとしちせい》から北極星《ほっきょくせい》を見《み》つける方法《ほうほう》を紹介《しょうかい》しましたが、カシオペヤ座《ざ》から見《み》つけることもできます。

W字形《じけい》のカシオペヤ座《ざ》の両《りょう》はしのふたつの星《ほし》と、それぞれのとなりの星《ほし》をむすんだ線《せん》をのばします。ふたつの線《せん》がぶつかった点《てん》と、カシオペヤ座《ざ》の中央《ちゅうおう》の星《ほし》をむすび、その線《せん》を5倍分《ばいぶん》のばした先《さき》に北極星《ほっきょくせい》があります。

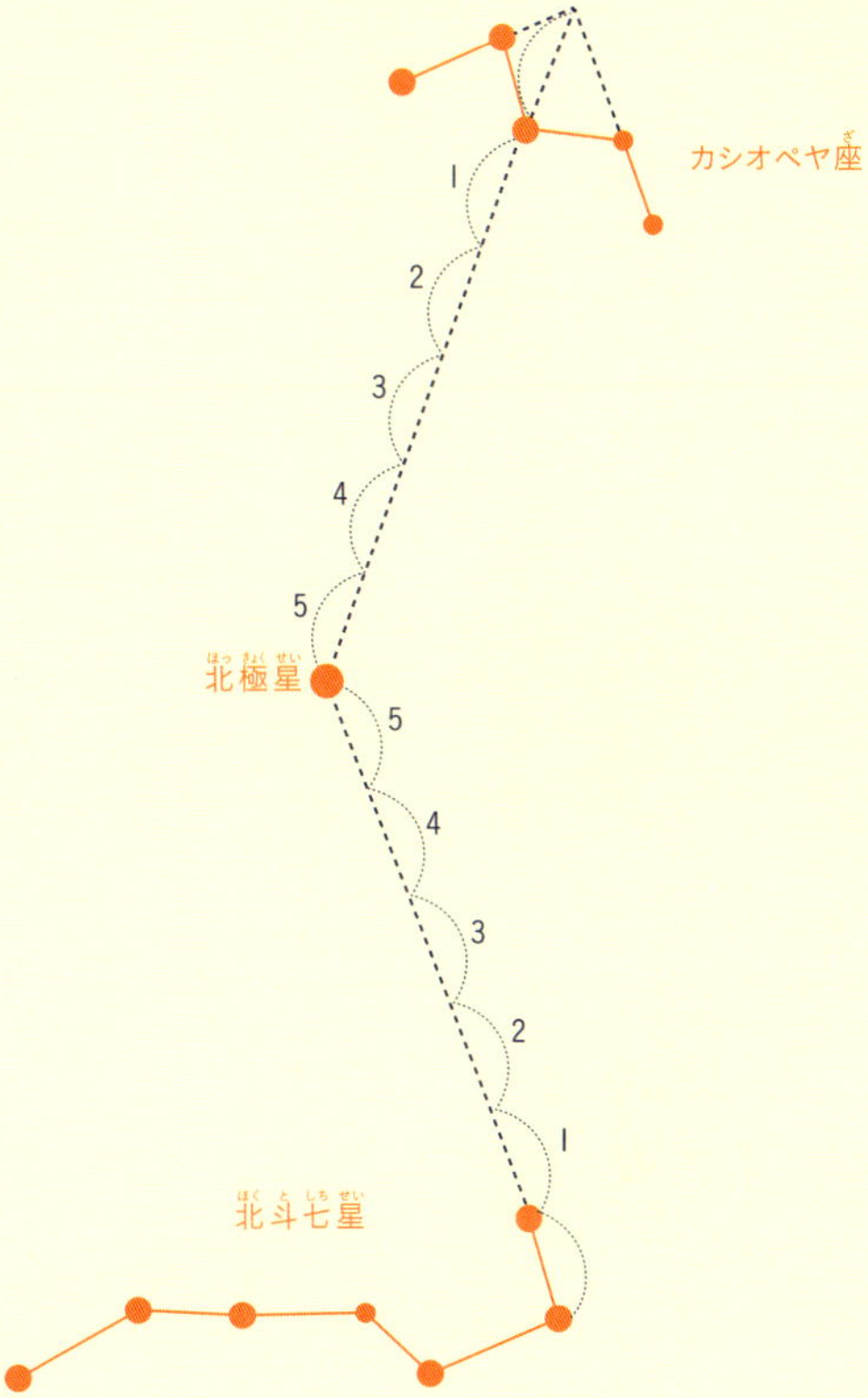

ここにちゅうもく!

○動《うご》く北極星《ほっきょくせい》

地球《ちきゅう》から見《み》あげる北極星《ほっきょくせい》は、動《うご》かないように見《み》えますが、お話《はなし》にもあったように、正確《せいかく》にはすこしだけ動《うご》いています。時間《じかん》をかけて写真《しゃしん》をとると、回転《かいてん》しているようすがよくわかります。

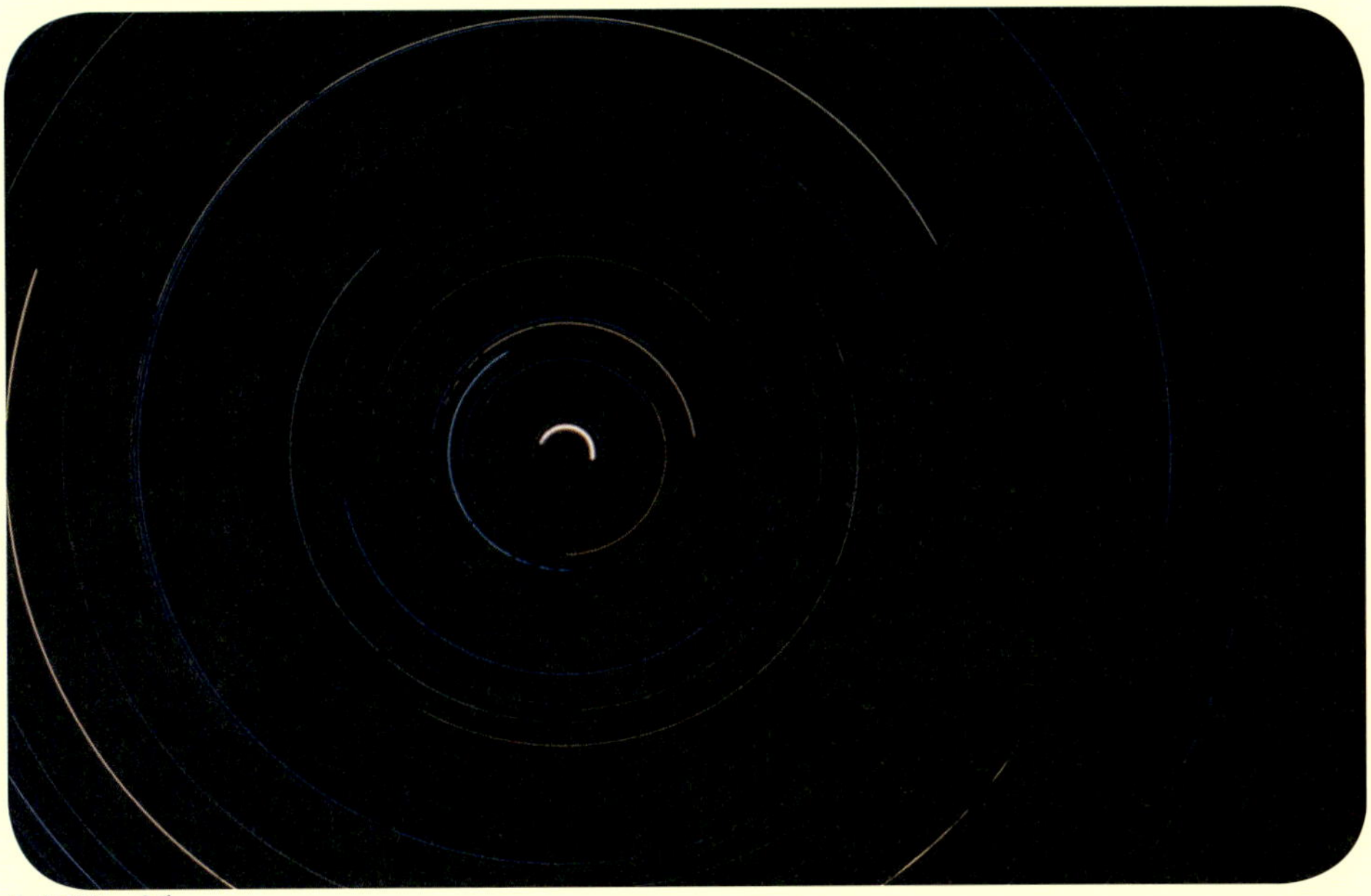

北極星《ほっきょくせい》が動《うご》いているようす

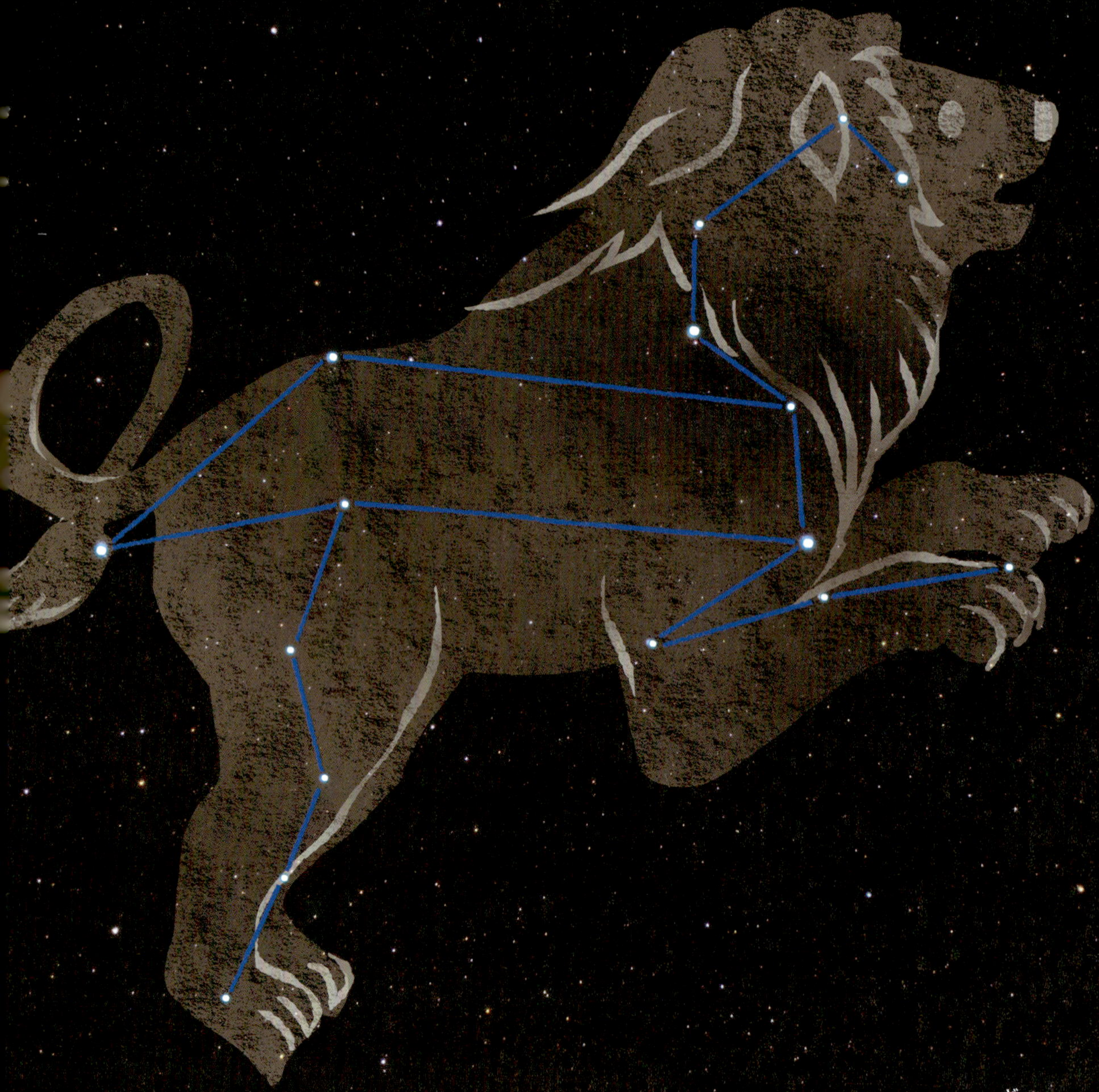

しし座《ざ》

かに座《ざ》・うみへび座《ざ》・りゅう座《ざ》

怪力《かいりき》ヘルクレス

ギリシア第《だい》一の勇者《ゆうしゃ》

ギリシア神話《しんわ》の大神《おおがみ》ゼウスは、アルクメーネという王女《おうじょ》に、ひとりの男《おとこ》の子《こ》をうませました。これが、ヘルクレスといって、のちに大力《だいりき》の勇《ゆう》者《しゃ》になるのでした。

ところが、大神《おおがみ》のおきさきのヘーラは、この子《こ》どもをにくんで、ヘルクレスがまだ赤《あか》ん坊《ぼう》のときに、二ひきの毒《どく》へびをゆりかごのなかにいれて、ころしてしまおうとしました。けれども、赤《あか》ん坊《ぼう》は、無心《むしん》に毒《どく》へびをつかんで、あべこべにつかみころし、にこにこ笑《わら》っていました。

このわるだくみを知《し》った大神《おおがみ》は、ヘーラのねむっているあいだに、ヘルクレスにヘーラの乳《ちち》をすわせて、不死身《ふじみ》の体《からだ》にしてやりました。そのときにほとばしった乳《ちち》が、「天《あま》の川《がわ》」になったといわれて、西洋《せいよう》では、天の川《がわ》のことを、いまでも「乳《ちち》の川《かわ》」とよんでいます。

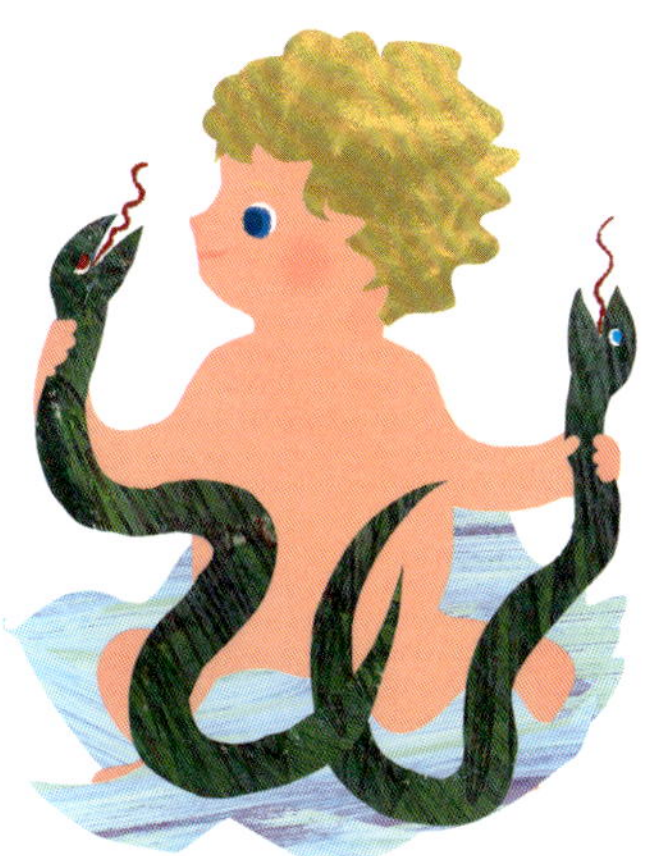

やがて、ヘルクレスは、大《おお》きくなってから、ペリオーン山《ざん》にすむケイローンという半人半馬《はんじんはんば》の怪人《かいじん》のもとで、武術《ぶじゅつ》をおそわって、ギリシア第《だい》一の勇者《ゆうしゃ》になりました。

しかし、女神《めがみ》ヘーラのにくしみは、いつもつきまとっていました。ヘルクレスは、あるときとうとう気《き》がくるって、じぶんの妻《つま》をころしてしまいました。そればかりか、三人《にん》の子《こ》どもをも、火《ひ》のなかへなげこんでしまいました。

やがて、狂気《きょうき》がしずまると、ヘルクレスは、その罪《つみ》をつぐなうために、神《かみ》がみの命令《めいれい》により、アルゴス王《おう》エウリステウスの手下《てした》にされて、十二の冒険《ぼうけん》を、つぎつぎにやることになりました。

その冒険《ぼうけん》の第《だい》一ばんは、ばけじしたいじでした。

ばけじしたいじ

そのころ、ネメアという、ゼウスの神殿《しんでん》のある森《もり》のなかに、一ぴきの大《おお》じしがすんでいました。

大《おお》じしは、夜《よる》も昼《ひる》も、のそのそ出《で》あるいては、牧場《まきば》の牛《うし》やひつじをころしたり、旅人《たびびと》たちをおそって、とってくっていました。

勇《いさ》ましいヘルクレスは、弓矢《ゆみや》をたずさえて、でかけていきました。そして、そのとちゅう、ヘリコン山《ざん》という山《やま》のふもとで、かんらんの木《き》が、岩《いわ》からはえてこぶこぶになっているのを見《み》つけると、大力《だいりき》で根《ね》こぎにして、こん棒《ぼう》をつくり、それをひっさげてネメアの森《もり》へはいりこみました。

ヘルクレスは、さっそく、大《おお》じしのすみかをさがそうとしましたが、牛追《うしお》いや、ひつじかいも、みんなにげて、たずねるものがいませんでした。

そこで、神殿《しんでん》の近《ちか》くのやぶのなかにかくれて、ようすをうかがっていました。

すると、日《ひ》がおちてあたりが暗《くら》くなりかけた

クエスチョンマークを裏《うら》がえしたような形《かたち》が印象的《いんしょうてき》なしし座《ざ》。左上《ひだりうえ》には飛行機《ひこうき》が飛《と》んでいる

ころ、森《もり》のなかから、のっそりのっそりと、大《おお》じしがあらわれてきました。

見《み》るからにおそろしいばけじしで、いままで、なにかをくっていたらしく、たてがみは血《ち》まみれになり、舌《した》で、あごにくっついている血《ち》をなめていました。

ヘルクレスは、大《おお》じしの近《ちか》づくのをまって、やぶかげから、弓《ゆみ》に矢《や》をつがえてはなちました。

ねらいはたがわず、ししにあたりましたが、矢《や》は、すぐにはねかえって、地《ち》におちてしまいました。二ばんめの矢《や》も、はねかえりました。三ばんめの矢《や》を射《い》ようとしたとき、大《おお》じしはヘルクレスを見《み》つけて、おそろしいいきおいでおどりかかってきました。

そこで、ヘルクレスは、弓《ゆみ》をすて、用意《ようい》のこん棒《ぼう》をふるって、力《ちから》いっぱい大《おお》じしの頭《あたま》をなぐりつけました。とたん、こん棒《ぼう》はへしおれましたが、さすがの大《おお》じしもひるみました。

そこをすかさず、ヘルクレスが、もうぜんとくみつき、大力《だいりき》でのどをしめつけたので、とうとう、ばけじしの息《いき》の根《ね》はとまってしまいました。

こうして、ししの皮《かわ》をはいで肩《かた》にひっかけ、大《おお》きな首《くび》の皮《かわ》をかぶって、ゆうゆうと町《まち》へかえってきました。

アルゴス王《おう》エウリステウスは、ヘルクレスが、てっきり、ばけじしにくわれてしまい、やっかいばらいができるものと、よろこんでいました。ところが、ししの皮《かわ》をかぶったヘルクレスがかえってくるときいて、王《おう》はふるえあがってしまいました。そして、大《おお》きな青銅《せいどう》のかめのなかに身《み》をかくして、ヘルクレスを町《まち》へは入《い》れずに、その報告《ほうこく》だけをききました。

ばけへびたいじ

ヘルクレスの第《だい》二の冒険《ぼうけん》は、アミモーネのばけへびたいじでした。

これは、ヒドラとよばれる、世《よ》にもおそろしいへびで、頭《あたま》が九つもあり、そのまん中《なか》の頭《あたま》は不死身《ふじみ》で死《し》ぬことがない、といわれていました。

むかし、アルゴス地方《ちほう》の人《ひと》びとは、長《なが》い日照《ひで》りで苦《くる》しんだことがありました。

そのとき、海神《かいじん》ポセイドーンが、アミモーネという娘《むすめ》に、三つまたのほこをもたせて、大《おお》きな岩《いわ》を突《つ》かせました。すると、岩《いわ》がわれ、泉《いずみ》ができて、玉《たま》のような水《みず》がこんこんとわきだしました。

そこで、「アミモーネの泉《いずみ》」と名《な》づけて、遠《とお》くからも、人《ひと》びとが水《みず》くみにやってきていました。

ところが、いつのまにか、この泉《いずみ》に、ばけへびのヒドラがすみついて、水《みず》くみにくる人《ひと》びとに毒気《どっき》をはきかけ、ころすようになったのでした。そのため、その泉《いずみ》のまわりには、人間《にんげん》や牛《ぎゅう》馬《ば》の骨《ほね》が、ごろごろしていました。

さて、勇士《ゆうし》ヘルクレスは、イオーラオスというおいをつれて、泉《いずみ》のある、暗《くら》い、いんきな谷《たに》間《ま》にはいりこみました。

ヒドラは、ヘルクレスたちを見《み》ると、たちまち、大木《たいぼく》のようなからだをほら穴《あな》からあらわし、九つのかま首《くび》をすっくと立《た》てて、はげしい毒気《どっき》をフウフウとはきかけました。

ヘルクレスは、びくともせず、松《まつ》やにといいお

うにひたした糸《いと》をまきつけた矢《や》で、ばけへびをつづけざまに射《い》かけました。けれども、矢《や》は、かたっぱしからはじきかえされてしまいました。

そこで、こんどは、いつも身《み》につけていた太《ふと》いこん棒《ぼう》をふりあげて、ヒドラの九つの頭《あたま》を、ひとつひとつ、たたきおとしにかかりました。

ところが、おどろいたことに、頭《あたま》がひとつおちると、すぐ、そのきり口《くち》からあたらしい頭《あたま》がふたつはえ、そのふたつをぶちおとすと、こんどは、四つはえてくるのです。これには、さすがの勇士《ゆうし》も、おどろきました。

そこで、おいのイオーラオスが知恵《ちえ》をしぼって、やぶをかりとり、大《おお》きなたいまつをつくって、火《ひ》をつけました。

そして、ヘルクレスがかま首《くび》をたたきおとすそばから、たいまつの火《ひ》で、そのきり口《くち》を焼《や》い

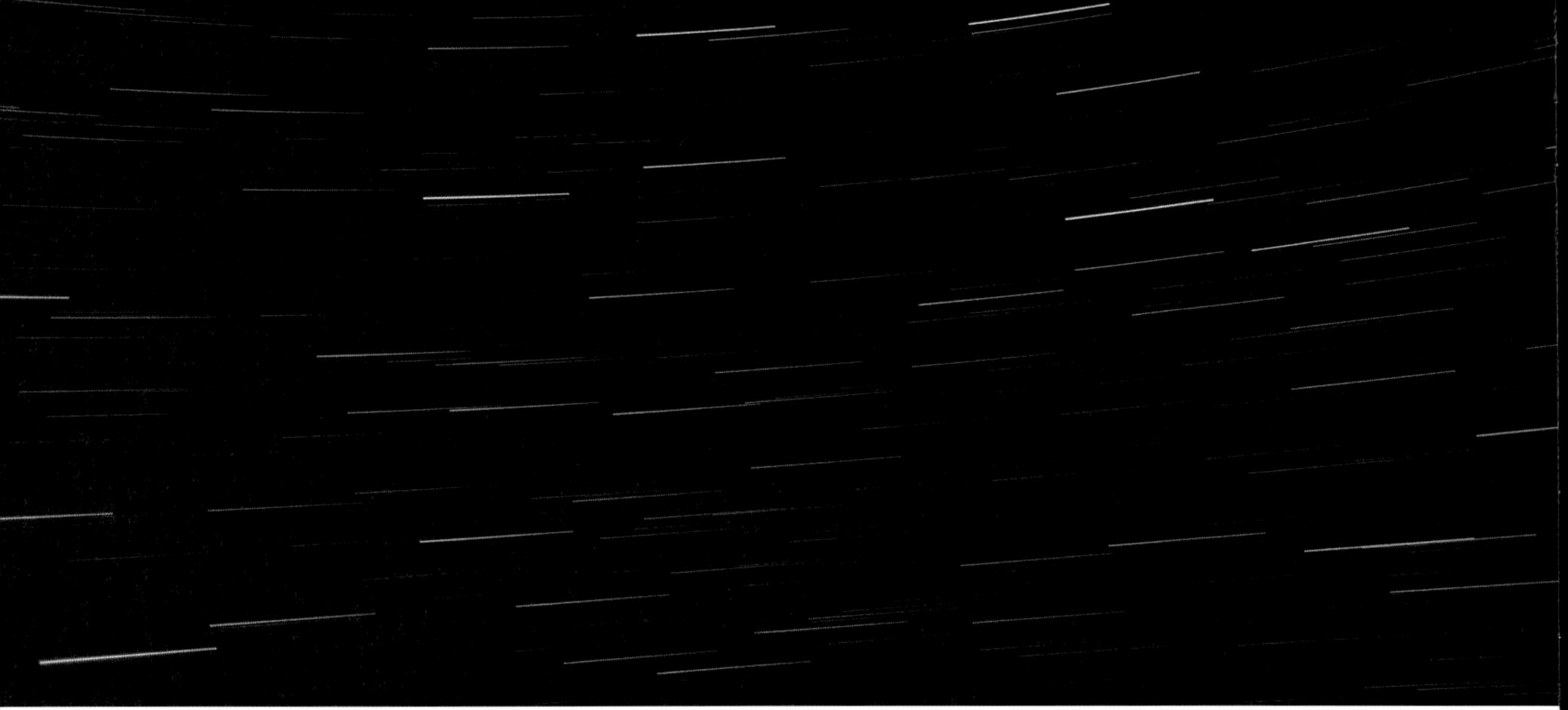

しし座《ざ》が動《うご》くようす。星《ほし》の色《いろ》のちがいがよくわかる

ていきました。これで、やっと、あたらしい頭《あたま》がはえるのがやみました。

さいごにひとつのこった頭《あたま》は、たるほどもあって、しかも、けっして死《し》なないという、やっかいな頭《あたま》でした。それが、シュウシュウと毒《どっ》気《き》をはきながら、とびかかってきました。

ヘルクレスは、これも、こん棒《ぼう》でめったうちになぐりつけましたが、いくらなぐっても、死《し》にません。それで、近《ちか》くにあった大岩《おおいわ》をかかえてきて、その頭《あたま》の上《うえ》にどっかりとのせ、土《つち》のなかにうずめて、ようやくたいじすることができました。

また、アミモーネの谷《たに》には、石《いし》うすほどもある大《おお》がにがすんでいました。

その大《おお》がにが、ばけへびがあぶなくなると、加勢《かせい》にはいだしてきて、大《おお》きなはさみで、ヘルクレスの足《あし》をはさみきろうとしました。

しかし、勇士《ゆうし》は、ひるまず、足《あし》でどんとふんづけたので、大《おお》がには、ぺちゃんこにつぶれてしまいました。

こうして、ヘルクレスは、しし、へび、かにとたいじしましたが、こんなあぶないめにあったのも、みんな、女神《めがみ》ヘーラののろいだったのです。ですから、それらのばけものたちは、女《め》神《がみ》のためにたたかったというわけで、のちに、星座《せいざ》の列《れつ》にくわえられることになりました。

春《はる》の夜《よ》にかがやく、しし、うみへび、かにの星座《せいざ》がそれで、うみへびは、ほんとうは「みずへび」というのが正《ただ》しいのです。

黄金《おうごん》のりんごの枝《えだ》

ヘルクレスは、その後《ご》も、つぎつぎと冒険《ぼうけん》をつづけていきましたが、星《ほし》にかんけいのあるのは、十一ばんめのヘスペリデースという姉妹《しまい》の花園《はなぞの》にある、黄金《おうごん》のりんごの枝《えだ》をとりにいったことです。

この黄金《おうごん》のりんごのなる木《き》は、女神《めがみ》ヘーラが、大神《おおがみ》ゼウスのおきさきとなったとき、ほかの女《め》神《がみ》たちからおいわいにおくられたものでした。

ヘーラは、この宝《たから》の木《き》を、世界《せかい》の南《みなみ》のはてのヘスペリデース姉妹《しまい》の花園《はなぞの》にうえて、おそろしい竜《りゅう》を番人《ばんにん》につけていました。

ヘルクレスは、黄金《おうごん》のりんごの木《き》をさがしにいくとちゅう、アフリカで、アトラスという巨《きょ》

西《にし》の空《そら》にしずんでいくしし座《ざ》

人《じん》が、天《てん》をかついでいるのにあいました。

このアトラスは、大《おお》むかし、大神《おおがみ》ゼウスを相《あい》手《て》に戦争《せんそう》をしたため、そのばつとして、永久《えいきゅう》に天《てん》をかつぐことになったのです。

ヘルクレスがあってみると、アトラスの胸《むね》から上《うえ》は雲《くも》をつきぬけ、立《た》っている足《あし》の指《ゆび》のあいだからは、大森林《だいしんりん》がしげっていました。ところで、黄金《おうごん》のりんごを守《まも》っているヘスペリデース姉妹《しまい》は、ほかならぬこの巨人《きょじん》の娘《むすめ》だったのです。

そこで、ヘルクレスは、父《ちち》のアトラスを利用《りよう》することを思《おも》いつきました。

「アトラスさん、なん千年《ねん》、なん万年《まんねん》も、そうして天《てん》をかついでいるのは、ごくろうだね。しばらく、わたしがかわってあげようか。ただし、娘《むすめ》さんたちが番《ばん》をしている黄金《おうごん》のりんごの枝《えだ》を、二、三本《ぼん》とってきてくれたらですよ。」

「だって、あの木《き》は、ヘーラ女神《めがみ》の宝《たから》ものだからなあ。」

アトラスは、ヘルクレスの申《もう》し出《で》を、いちどはことわりましたが、肩《かた》の重荷《おもに》をしばらくでもおろせると思《おも》うと、うれしくなって、とうとうしょうちしました。

いくら大力《だいりき》のヘルクレスでも、天《てん》をかつぐなんて、はじめてのことですし、たいへんな重労《じゅうろう》働《どう》です。しかし、ゆうかんに、アトラスといれかわりました。

アトラスは大《おお》よろこびで、娘《むすめ》たちのいる花園《はなぞの》へ出《で》かけていき、まもなく、黄金《おうごん》のりんごの枝《えだ》をもってかえってきました。

そして、ヘルクレスにむかって、

「ついでに、おれが、この枝《えだ》をとどけてきてやるから、そのあいだ、天《てん》をかついでいておくれ。」

と、いいました。ヘルクレスは、これはたいへんだと思《おも》いましたが、ふと、けいりゃくを思《おも》いつき、

「よしよし。しかし、肩《かた》になにかあてものをするあいだ、ちょっといれかわってくれないか。」

と、さりげなくいいました。ばか正直《しょうじき》なアトラスは、うかうかそのことばにのせられて、ふたたび天《てん》をかつぎました。

ヘルクレスは、してやったりと、舌《した》をだして、
「アトラスよ、では、ごきげんよう。」
と、黄金《おうごん》のりんごの枝《えだ》をかついで、本国《ほんごく》のギリシアへかえっていきました。
アトラスは、のちに、ペルセウスという王子《おうじ》が、へびの髪《かみ》の毛《け》をもつメズーサという女《おんな》の怪《かい》物《ぶつ》をたいじして、その首《くび》をもってかえるとちゅう、たのんで、それを見《み》せてもらったので、石《いし》

春《はる》の夜空《よぞら》に長《なが》くのびる、うみへび座《ざ》

の山《やま》になってしまいました。メズーサの首《くび》は、ひと目《め》でもそれを見《み》たものは、みんな石《いし》にしてしまうという、おそろしい力《ちから》をもっていたのです。

ところで、黄金《おうごん》のりんごの木《き》の番《ばん》をしていた竜《りゅう》も、このときにたいじされて、女神《めがみ》ヘーラに星《ほし》にしてもらいました。

北《きた》の空《そら》に見《み》えるりゅう座《ざ》が、これであるといわれます。ヘルクレスも、死《し》んでから、夏《なつ》のヘルクレス座《ざ》になりました。

星座《せいざ》の絵《え》を見《み》ると、ヘルクレスはひざまずいて、左足《ひだりあし》で竜《りゅう》をふまえ、右手《みぎて》にこん棒《ぼう》をふりあげ、左手《ひだりて》には、黄金《おうごん》のりんごの枝《えだ》をにぎっています。また、絵《え》によっては、竜《りゅう》がへびになっていますが、これは、赤《あか》ん坊《ぼう》のときの話《はなし》によったものだといわれます。

ギリシアの国民的英雄《こくみんてきえいゆう》として、ヘルクレスの十二の冒険物語《ぼうけんものがたり》は、当時《とうじ》の若《わこ》人《うど》の血《ち》をわかせたものでしょう。ここにあげた物語《ものがたり》も、ヘルクレスに、大神《おおがみ》の妃《きさき》ヘーラの呪《のろ》いが、生涯《しょうがい》つきまとった話《はなし》です。

しし座《ざ》は、大《おお》きなライオンが右《みぎ》（西《にし》）むきに腹《はら》ばいになっているすがたです。

うみへび座《ざ》は、しし座《ざ》の右下《みぎした》にある、小《ちい》さい星《ほし》がげんこつをにぎったようにあつまっている五つの星《ほし》を、へびの首《くび》と見《み》ます。それから小《ちい》さい星《ほし》がとびとびにつづき、東南《とうなん》の地平線《ちへいせん》にかくれているのが長《なが》いへびのからだです。

かに座《ざ》は、しし座《ざ》の右《みぎ》（西《にし》）に見《み》える小《ちい》さい星《ほし》の群《む》れで、とても、かにには見《み》えません。ただ、星座《せいざ》の中心《ちゅうしん》に光《ひか》るプレセペという星団《せいだん》は、二百個《こ》以上《いじょう》の星《ほし》の群《む》れからできている散開星団《さんかいせいだん》です。

りゅう座《ざ》は、四つの星《ほし》のとがった四《し》辺形《へんけい》を頭《あたま》にして、おおぐま座《ざ》とこぐま座《ざ》の間《ま》にながいからだをうねらせ、尾《お》を西北《せいほく》にのばしています。

ヘルクレス座《ざ》は、へびつかい座《ざ》の上《うえ》にさかさに立《た》っている巨人《きょじん》の形《かたち》で、六つの星《ほし》がつづみを立《た》てたようにならんでいます。

しし座《ざ》

4月中旬《がつちゅうじゅん》、21時《じ》ごろの空《そら》

ヘルクレスが倒《たお》し、大神《おおがみ》ゼウスによって天《てん》に上《あ》げられた大《おお》じしをあらわす星座《せいざ》です。「？」を裏《うら》がえしたような星《ほし》のならびが、ししの頭《あたま》の部分《ぶぶん》にあたり、鎌《かま》の形《かたち》ににていることから「ししの大鎌《おおかま》」とよばれることもあります。大鎌《おおかま》のねもとには、ひときわ明《あか》るい1等星《とうせい》、レグルスがかがやきます。

星《ほし》の名前《なまえ》	しし座《ざ》
英語名《えいごめい》	Leo
見えやすい時期《じき》	2月中旬《がつちゅうじゅん》～6月中旬《がつちゅうじゅん》
見える方角《ほうがく》	南《みなみ》

郵便はがき

料金受取人払郵便

牛込局承認

8554

差出有効期間
2018年11月30日
（期間後は切手を
おはりください。）

162-8790

東京都新宿区市谷砂土原町 3-5

偕成社 愛読者係 行

ご住所	〒□□□-□□□□ 都・道 府・県	
	フリガナ	
お名前	フリガナ	お電話
ご希望の方には、小社の目録をお送りします。　[希望する・希望しない]		

本のご注文はこちらのはがきをご利用ください

ご注文の本は、宅急便により、代金引換にて１週間前後でお手元にお届けいたします。本の配達時に、【合計定価（税込）＋代引手数料 300 円＋送料（合計定価 1500 円以上は無料、1500 円未満は 300 円)】を現金でお支払いください。

書名		本体価	円	冊数	冊
書名		本体価	円	冊数	冊
書名		本体価	円	冊数	冊

偕成社 TEL 03-3260-3221 ／ FAX 03-3260-3222 ／ E-mail sales@kaiseisha.co.jp

＊ご記入いただいた個人情報は、お問い合わせへのお返事、ご注文品の発送、目録の送付、新刊・企画などのご案内以外の目的には使用いたしません。

★ ご愛読ありがとうございます ★

今後の出版の参考のため、皆さまのご意見・ご感想をお聞かせください。

●この本の書名『　　　　　　　　　　　　　　　　　　　　　　』

●ご年齢（読者がお子さまの場合はお子さまの年齢）　　　　歳（ 男 ・ 女 ）

●この本のことは、何でお知りになりましたか？

1. 書店　2. 広告　3. 書評・記事　4. 人の紹介　5. 図書室・図書館　6. カタログ
7. ウェブサイト　8. SNS　9. その他（　　　　　　　　　　　　　　　　　　）

●ご感想・ご意見・作者へのメッセージなど。

ご記入のご感想を、匿名で書籍の PR やウェブサイトの感想欄などに使用させていただいてもよろしいですか？　〔はい ・ いいえ〕

＊ ご協力ありがとうございました ＊

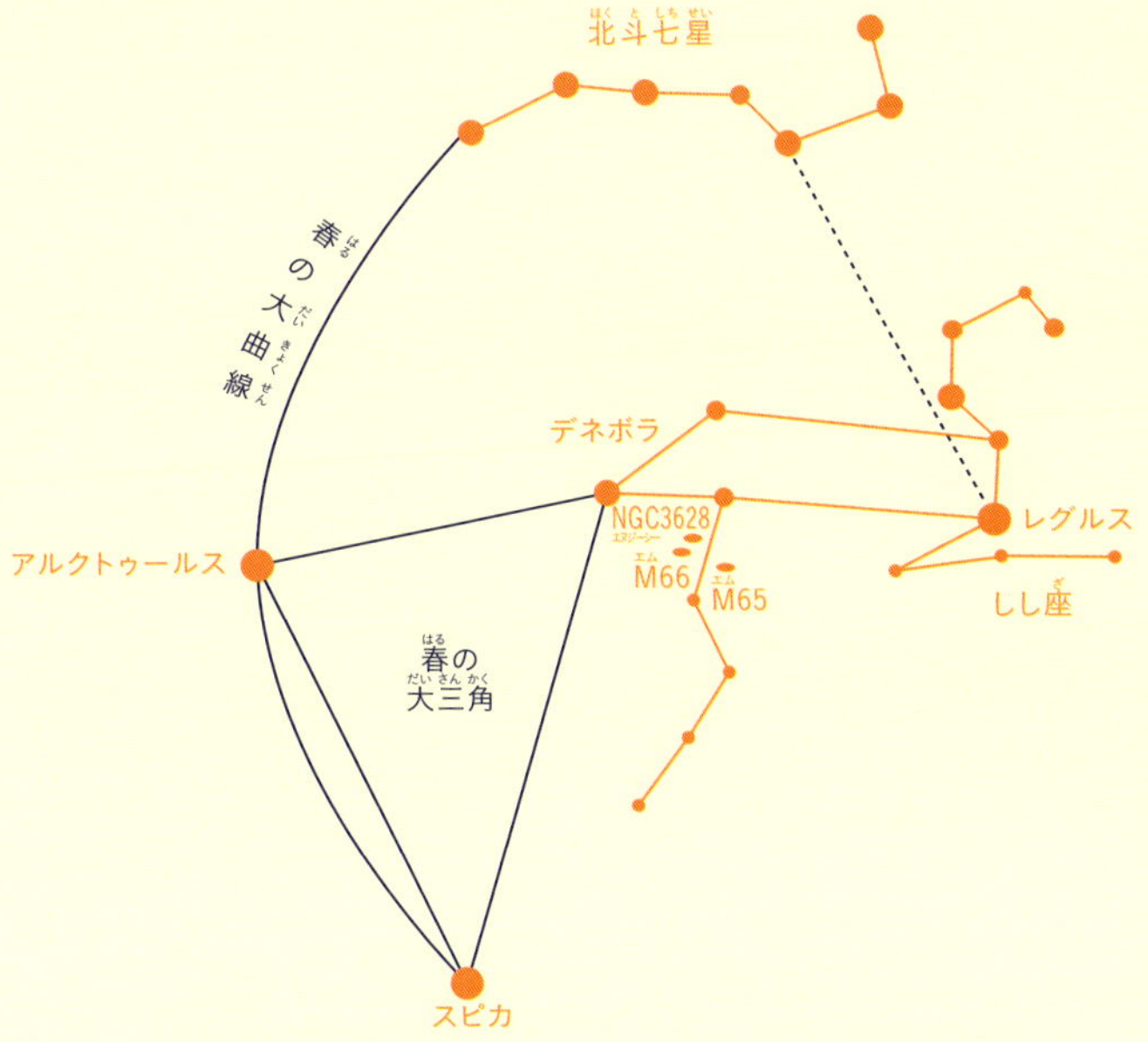

見《み》つけかた

北斗七星《ほくとしちせい》のひしゃくの柄《え》に近《ちか》いふたつの星《ほし》をむすんだ線《せん》をのばしていくと、１等《とう》星《せい》のレグルスが見《み》つかります。そこから上《うえ》の方《ほう》へ「？」を裏《うら》がえしたような形《かたち》でならぶ星《ほし》が、ししの頭《あたま》の部分《ぶぶん》です。また、北斗七星《ほくとしちせい》のはじの星《ほし》から「春《はる》の大曲線《だいきょくせん》」をたどり、アルクトゥールス、スピカと見《み》つけると、そのふたつの星《ほし》といっしょに「春《はる》の大三角《だいさんかく》」を作《つく》る２等星《とうせい》、デネボラが見《み》つかります。デネボラは、ししのおしりにある星《ほし》です。

ここにちゅうもく！

○１等《とう》星《せい》、レグルス

ラテン語《ご》で「小《ちい》さな王様《おうさま》」という意味《いみ》の名《な》を持《も》つ星《ほし》です。高速《こうそく》で自転《じてん》しているため、赤道《せきどう》の部分《ぶぶん》が遠心力《えんしんりょく》でふくれていることがわかっています。

○しし座《ざ》の銀河《ぎんが》三兄弟《さんきょうだい》

ししの後《うし》ろあしのつけねのあたりに、銀《ぎん》河《が》が３つあります。左下《ひだりした》がM66《エム》、右下《みぎした》がM65《エム》、上《うえ》の横長《よこなが》のものがNGC3628《エヌジーシー》です。この銀河三兄弟《ぎんがさんきょうだい》は地球《ちきゅう》から約《やく》３千万光年《まんこうねん》の距離《きょり》にあります。

ししの大鎌《おおかま》のねもとにあるレグルス

しし座《ざ》の銀河三兄弟《ぎんがさんきょうだい》

かに座《ざ》

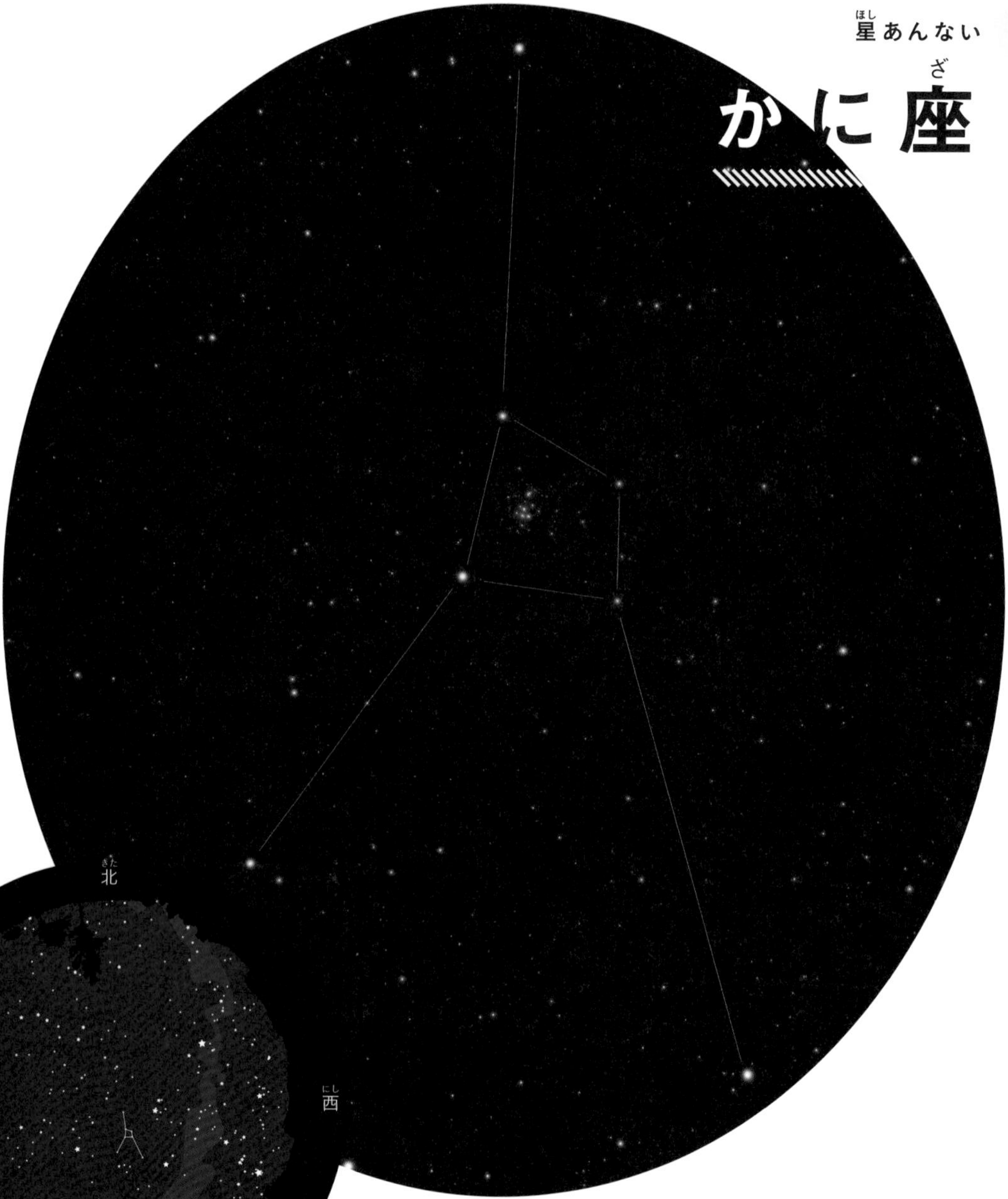

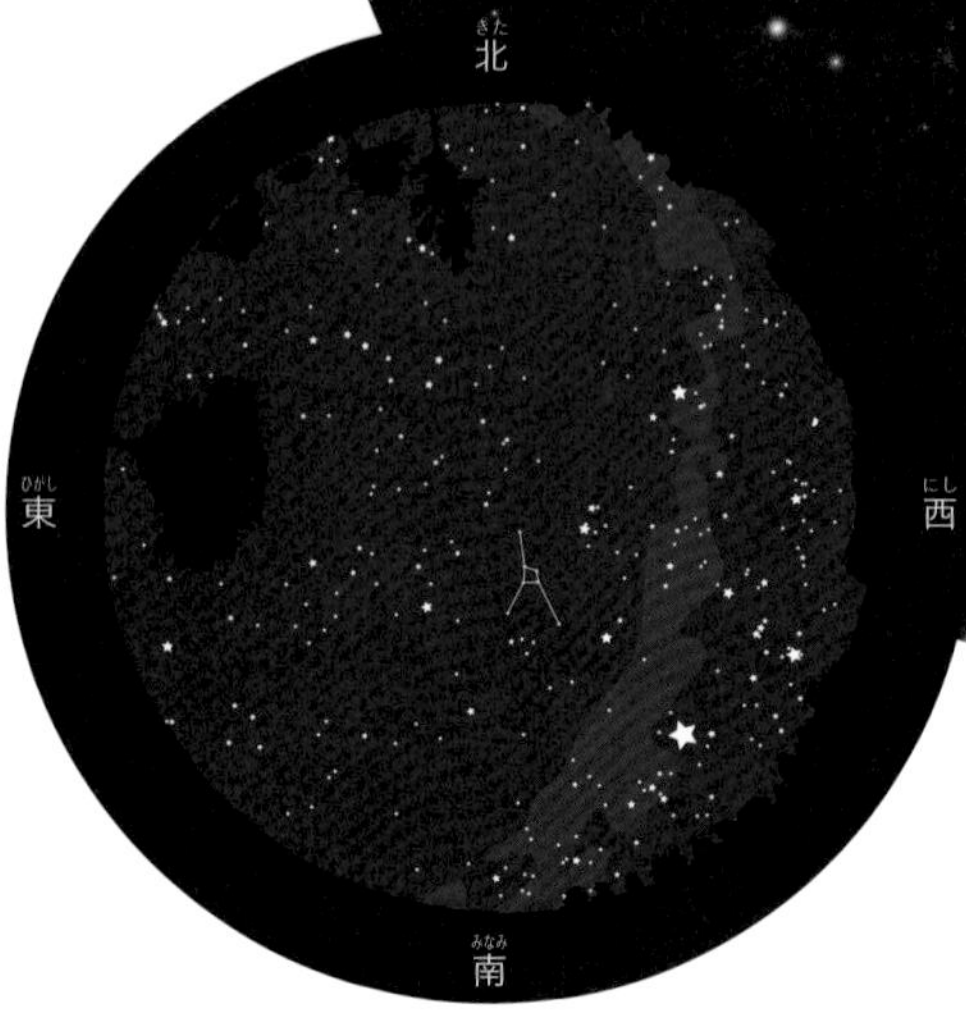

4月初旬《がつしょじゅん》、20時《じ》ごろの空《そら》

星《ほし》の名前《なまえ》	かに座《ざ》
英語名《えいごめい》	Cancer
見《み》えやすい時期《じき》	12月中旬《がつちゅうじゅん》～5月中旬《がつちゅうじゅん》
見《み》える方角《ほうがく》	南《みなみ》

ヘルクレスが、頭《あたま》が9つもあるばけへびのヒドラを退治《たいじ》したときにふみつぶされてしまった大《おお》がに。大神《おおがみ》ゼウスの妻《つま》ヘーラがそれを見《み》て、天《てん》に上《あ》げて星座《せいざ》にしたといわれているのが、かに座《ざ》です。

こうらのまんなかには、散開星団《さんかいせいだん》のプレセペ星団《せいだん》（M《エム》44）があり、口《くち》からあわを吹《ふ》いているようにも見《み》えます。

見《み》つけかた

3～5等星《とうせい》で構成《こうせい》されているかに座《ざ》は、街《まち》なかなどの明《あか》るい場所《ばしょ》で見《み》つけるのはむずかしいかもしれません。まず、しし座《ざ》の頭《あたま》を見《み》つけます（p.59）。頭《あたま》の右《みぎ》がわに、暗《くら》めの星《ほし》が小《ちい》さな四角形《しかくけい》を作《つく》っています。ここが、かに座《ざ》のこうらにあたります。

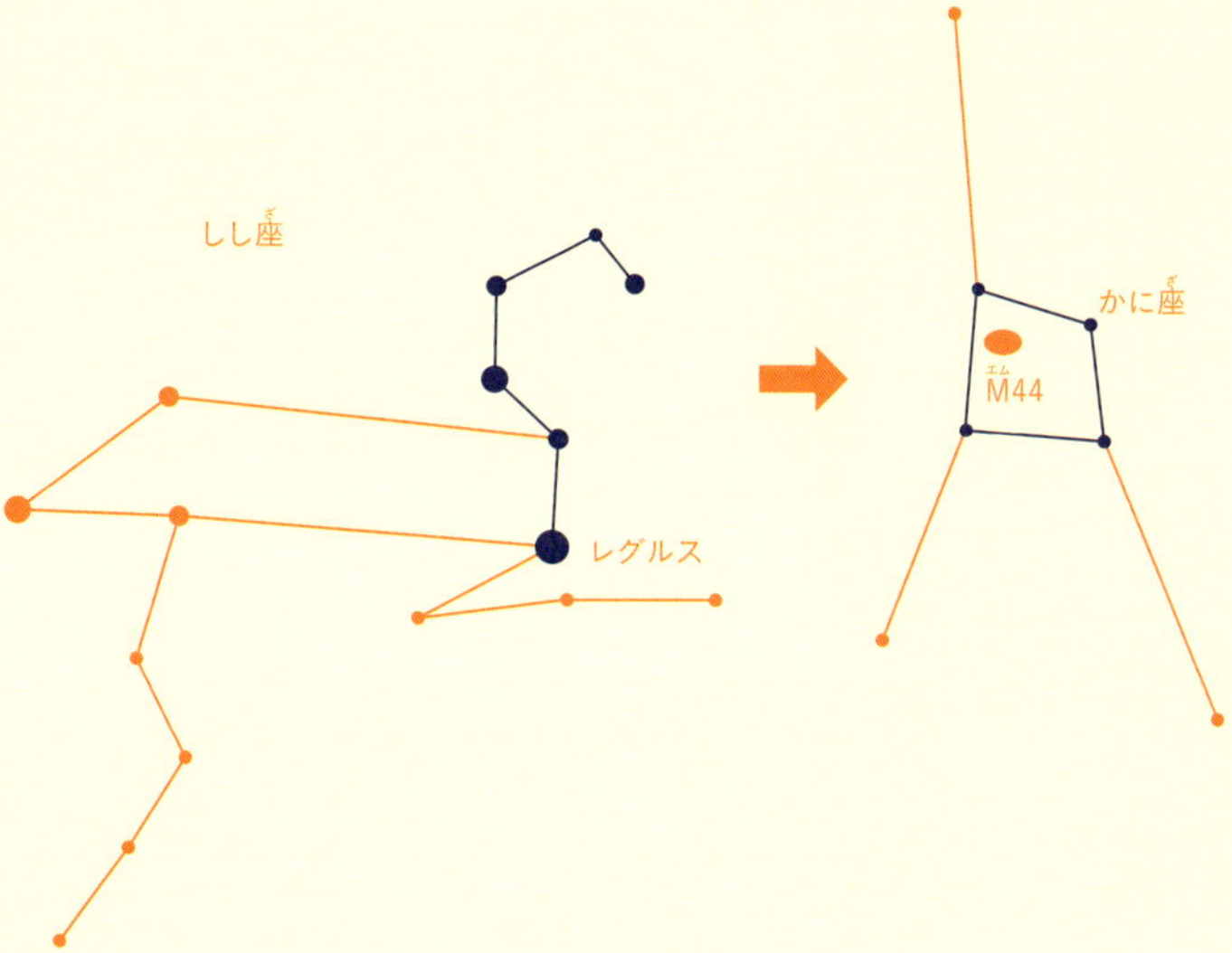

ここにちゅうもく！

○プレセペ星団《せいだん》（M44《エム》）

かに座《ざ》の中心《ちゅうしん》に、ぼーっと光《ひか》るものが見《み》え、双眼鏡《そうがんきょう》でのぞくと、星《ほし》がたくさんあるのがわかります。これが、散開星団《さんかいせいだん》であるプレセペ星団《せいだん》（M44《エム》）です。大《おお》むかしにはひとつの星《ほし》だと思《おも》われていましたが、約《やく》400年前《ねんまえ》、天《てん》文学者《もんがくしゃ》のガリレオ・ガリレイが自作《じさく》の望遠鏡《ぼうえんきょう》で観察《かんさつ》し、たくさんの星《ほし》があつまっていることを発見《はっけん》しました。

プレセペ星団《せいだん》（M44《エム》）

うみへび座《ざ》

星《ほし》の名前《なまえ》	うみへび座《ざ》
英語名《えいごめい》	Hydra
見《み》えやすい時期《じき》	4月下旬《がつげじゅん》〜5月下旬《がつげじゅん》
見《み》える方角《ほうがく》	南《みなみ》

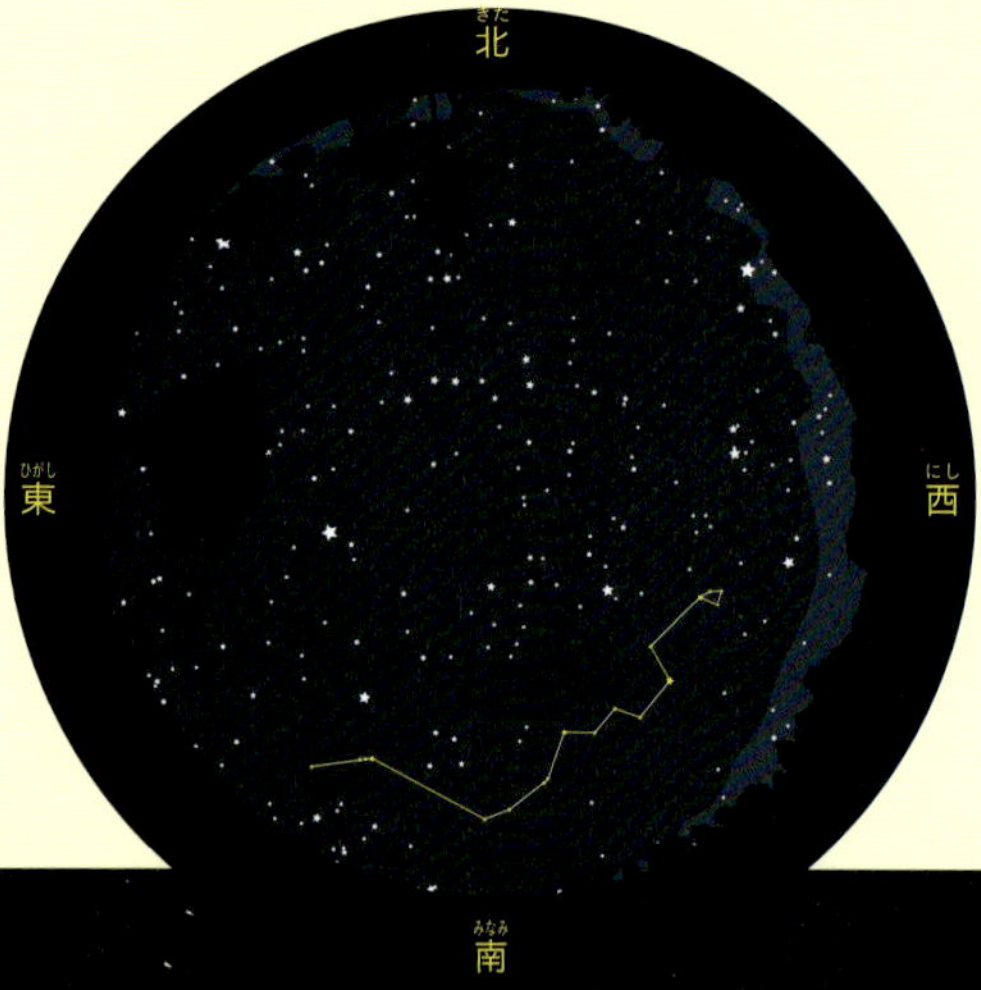

4月下旬《がつげじゅん》、21時《じ》ごろの空《そら》

頭《あたま》が9つあり、毒《どく》の息《いき》をはくヒドラというばけへびが、ヘルクレスにたおされたあと、星座《せいざ》になったと伝《つた》えられています。

うみへび座《ざ》は、現在《げんざい》、全天《ぜんてん》88星座《せいざ》のなかでいちばん面積《めんせき》が大《おお》きい星座《せいざ》です。東西《とうざい》にとても長《なが》くひろがっていて、うみへびの頭《あたま》にあたる部分《ぶぶん》が見《み》えはじめてからぜんぶが夜空《よぞら》にのぼるまで、約《やく》8時間《じかん》もかかるほどです。

見《み》つけかた

まず、かに座《ざ》を見《み》つけましょう（p.61）。かに座《ざ》の下《した》（南《みなみ》がわ）に、すこしゆがんだ四辺形《しへんけい》の星《ほし》のならびが見《み》つかります。この四辺形《しへんけい》がうみへび座《ざ》の頭部《とうぶ》です。その頭部《とうぶ》の左下《ひだりした》（南東《なんとう》）方向《ほうこう》に、ぽつんと明《あか》るい２等星《とうせい》があります。これが「アルファルド」で、うみへびの心臓部《しんぞうぶ》にあたります。アルファルドは、しし座《ざ》のレグルスから見《み》つけることもできます。のこりは、アルファルドから左下《ひだりした》（南東《なんとう》）の方向《ほうこう》にじゅんに星《ほし》をたどっていきます。暗《くら》い星《ほし》が多《おお》く、全体《ぜんたい》を見《み》つけるのはむずかしいかもしれません。

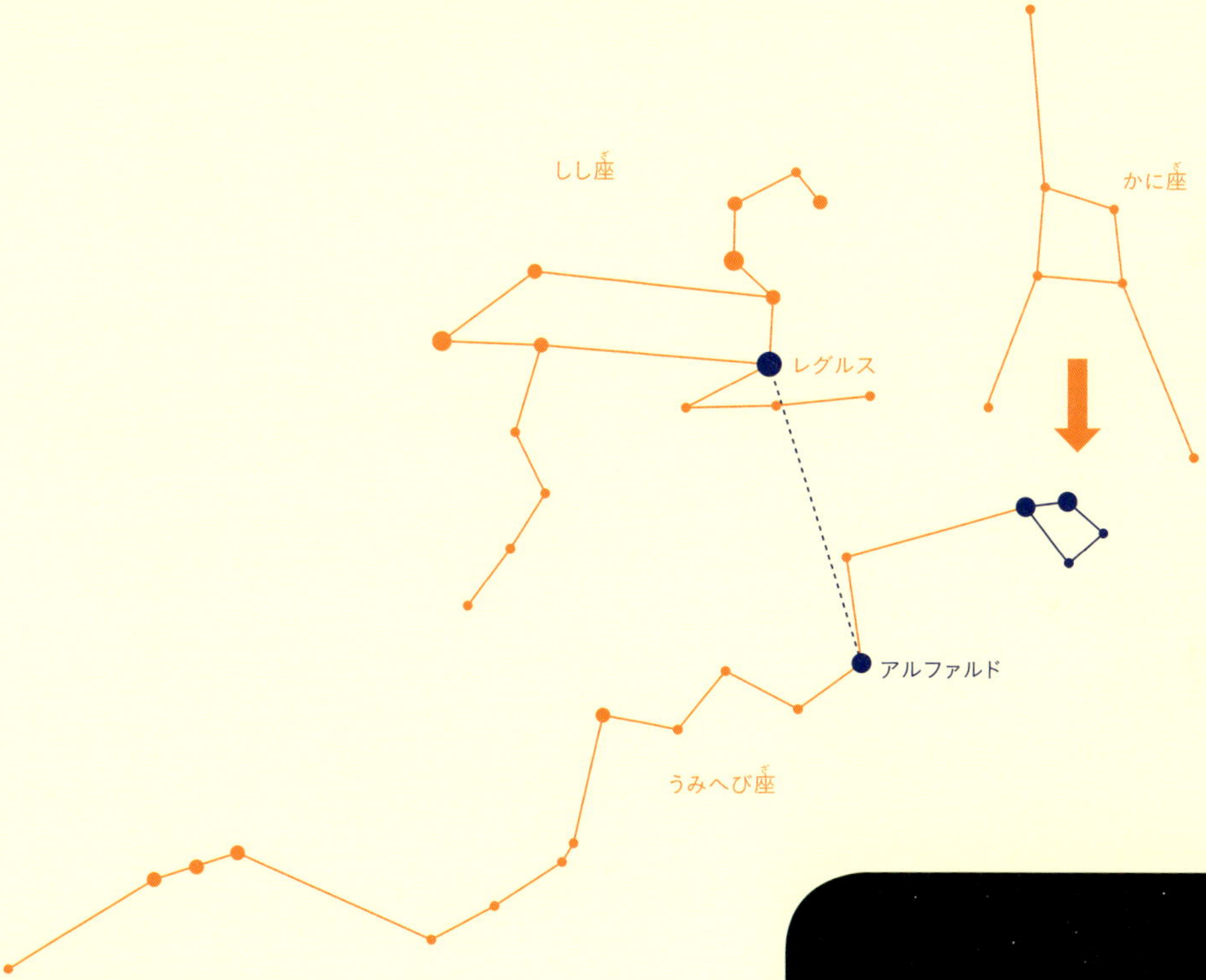

ここにちゅうもく！

○アルファルド

うみへび座《ざ》でいちばん明《あか》るい星《ほし》は、へびの心臓部《しんぞうぶ》のあたりにかがやく、２等星《とうせい》のアルファルドです。うみへび座《ざ》は、この星以外《ほしいがい》は３〜５等星《とうせい》の暗《くら》い星《ほし》ぼしで構成《こうせい》されているので、星座《せいざ》のなかでひときわ目立《めだ》ちます。

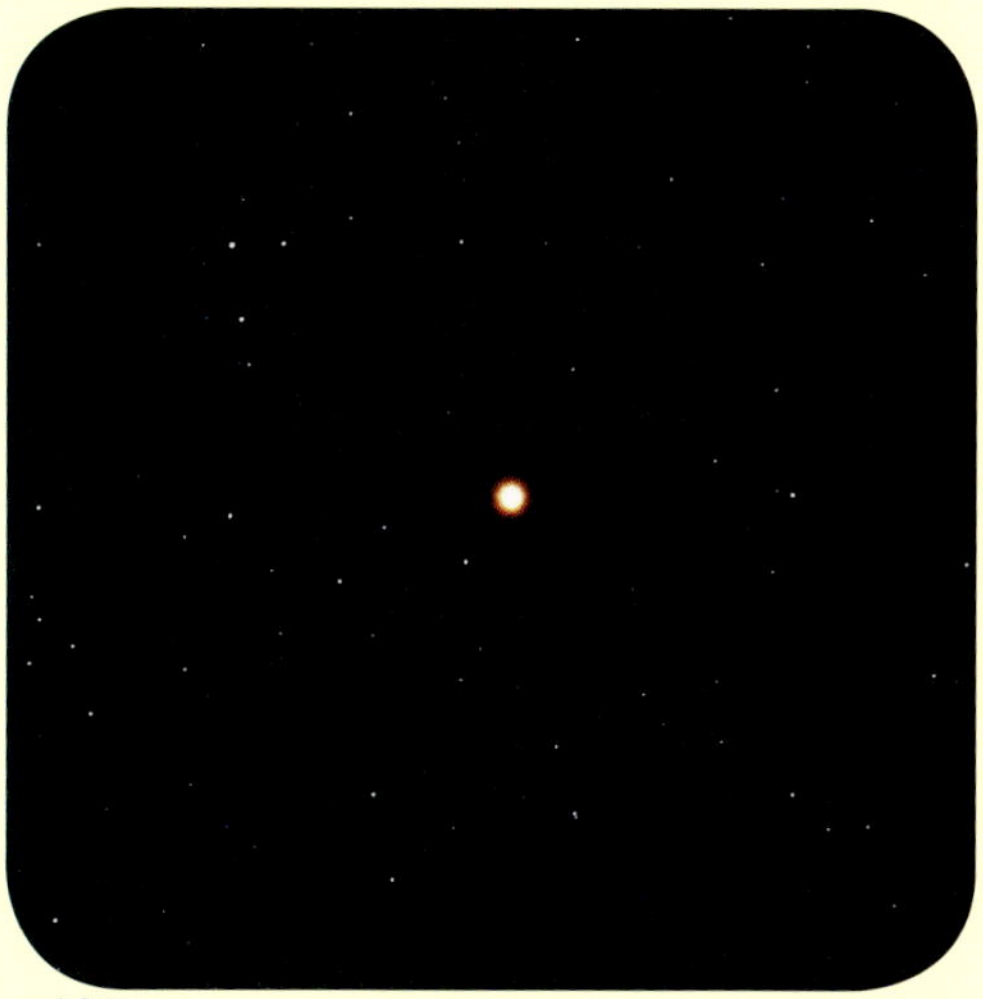

２等星《とうせい》、アルファルド

りゅう座《ざ》

7月初旬《がつしょじゅん》、21時《じ》ごろの空《そら》

星《ほし》の名前《なまえ》	りゅう座《ざ》
英語名《えいごめい》	Draco
見《み》えやすい時期《じき》	4月中旬《がつちゅうじゅん》～10月中旬《がつちゅうじゅん》
見《み》える方角《ほうがく》	北《きた》

りゅう座《ざ》のなりたちには、いろいろな説《せつ》がありますが、そのなかのひとつに、黄金《おうごん》のりんごの木《き》をまもりつづけた、百の頭《あたま》を持《も》つ竜《りゅう》が星座《せいざ》になったというものがあります。

小《ち》さい台形《だいけい》のような四辺形《しへんけい》が竜《りゅう》の頭部《とうぶ》で、こぐま座《ざ》の小《ち》さな北斗《ほくと》をとりまくように星《ほし》がならんでいます。

見《み》つけかた

北《きた》の空《そら》で、北極星《ほっきょくせい》からこぐま座《ざ》を見《み》つけます。こぐま座《ざ》の小《ちい》さな北斗《ほくと》をとりまくように、りゅう座《ざ》の星《ほし》ぼしがあります。ここが竜《りゅう》の長《なが》い胴体《どうたい》の部分《ぶぶん》で、こと座《ざ》のベガの近《ちか》くにある台形《だいけい》が頭《あたま》の部分《ぶぶん》になります。この台形《だいけい》にかがやくふたつの星《ほし》「ラスタバン」と「エルタニン」は、まるで竜《りゅう》の目《め》のように見《み》えます。

ここにちゅうもく！

○まわるりゅう座《ざ》

りゅう座《ざ》は天《てん》の北極近《ほっきょくちか》くにかがやいているため、一部《いちぶ》は地平線《ちへいせん》にしずむものの、１年《ねん》じゅう見《み》ることができる星座《せいざ》です。りゅう座《ざ》の星ぼしが、今夜《こんや》も弧《こ》を描《えが》いていきます。

○しぶんぎ座《ざ》流星群《りゅうせいぐん》

１月《がつ》４日《か》ごろにいちばんたくさん流《なが》れ星《ぼし》が見《み》られる流星群《りゅうせいぐん》です。うしかい座《ざ》と、りゅう座《ざ》のさかいめあたりに放射点《ほうしゃてん》（星《ほし》が流《なが》れはじめるところ）があります。この近《ちか》くに、むかし「しぶんぎ座《ざ》」があったので、こうよばれています。

シャッターを開《あ》けっぱなしにしてりゅう座《ざ》の動《うご》きを撮影《さつえい》したもの

しぶんぎ座《ざ》流星群《りゅうせいぐん》

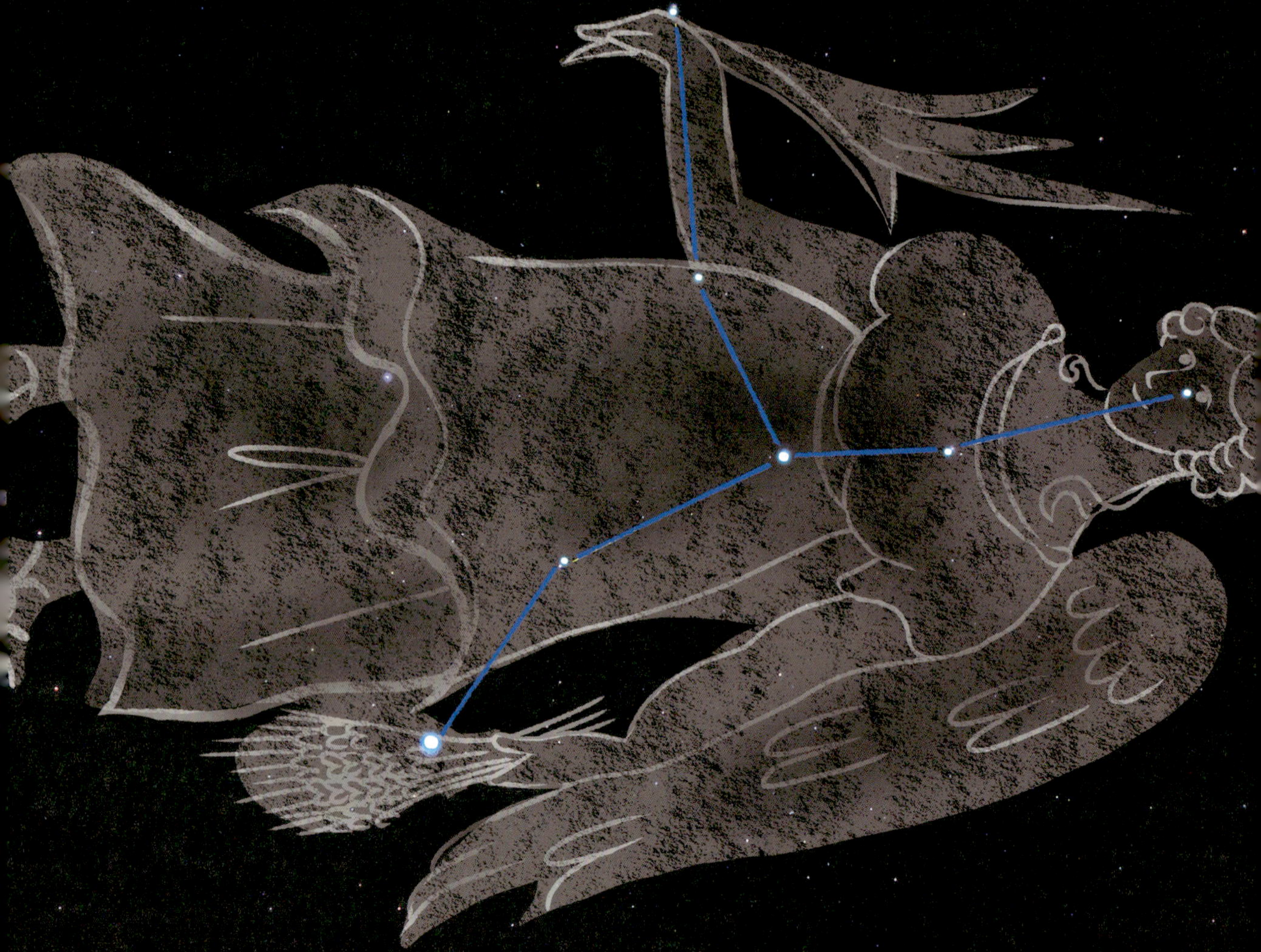

おとめ座《ざ》

娘《むすめ》のゆくえ

花《はな》つみの娘《むすめ》

ギリシアの農業《のうぎょう》の神《かみ》さまは、デメテールという、女神《めがみ》でした。

この女神《めがみ》は、「地《ち》の母《はは》」ともいわれましたが、この世《よ》の植物《しょくぶつ》、穀物《こくもつ》、果実《かじつ》のほか、大地《だいち》からはえるものは、すべてこの女神《めがみ》のめぐみによってさかえていました。

野《の》にさく草花《くさばな》も、そこにあそぶ小《こ》ひつじも、また、人間《にんげん》のおさない子《こ》どもたちも、みんな、この女神《めがみ》のやさしい目《め》に見《み》まもられていました。

デメテールは、ふだんは、シシリア島《とう》のエンナという谷間《たにま》の、大《おお》きなほら穴《あな》にすんでいました。

そこは、ひつじかいものぼれないような、けわしい岩壁《がんぺき》でかこまれ、そよ風《かぜ》の精《せい》のツェフィロスのほかは、風《かぜ》さえもおとずれない山奥《やまおく》でした。

けれども、女神《めがみ》のすみかだけあって、あたりには、四季《しき》をつうじてみどりの草木《くさき》がしげり、色《いろ》さまざまな花《はな》がさきみだれ、木《き》の実《み》が、ゆたかに枝《えだ》からたれさがっていました。そして、いたるところに、玉《たま》のような泉《いずみ》があふれていました。

女神《めがみ》には、ペ

ルセフォネーといって、金髪《きんぱつ》の美《うつく》しいひとり娘《むすめ》がありました。ほおも、りんごのように赤《あか》くて、ほんとうにかわいらしい少女《しょうじょ》でした。ペルセフォネーのあそび友《とも》だちは、森《もり》や、谷川《たにがわ》や、泉《いずみ》にすんでいる、若《わか》いニンフたちでした。

ある日《ひ》のこと、ペルセフォネーは、友《とも》だちのニンフたちといっしょに、草原《くさはら》で、花《はな》つみをしてあそんでいました。かごのなかは、もう、ヒヤシンス、ゆり、すみれ、すいせん、あやめ、そのほかの草花《くさばな》で、いっぱいになっていました。

ペルセフォネーは、なおも花《はな》をつんでいるうちに、ふと、ふだん見《み》なれない花《はな》が目《め》につきました。

すいせんによくにた花《はな》ですが、ずっと大《おお》きいし、一本《ぽん》のくきに、百いじょうもの花《はな》がさいていました。しかも、そのあまいかおりは、あたりいちめんにただよっていました。

ペルセフォネーは、よろこびの声《こえ》をあげて友《とも》だちをよびました。けれど、気《き》がつくと、いつのまにかみんなとはなれて、ひとりぼっちになっていたのです。

それでも、花《はな》に心《こころ》をうばわれたペルセフォネーは、その花《はな》を根《ね》からひきぬこうとしました。くきに、へびのようなもようがあるので、すこし気味《きみ》わるく思《おも》いましたが、力《ちから》をこめてひいてみました。

だんだん土《つち》がゆるんで、もうひと息《いき》と思《おも》ったとき、きゅうに、根《ね》もとにぽっかりと黒《くろ》い穴《あな》があいて、それが、みるみる大《おお》きくひろがりました。

すると、とつぜん、その穴《あな》のなかから、四ひきの黒馬《くろうま》が、金色《こんじき》の車《くるま》をひいて、とびだしてき

手《て》に麦《むぎ》の穂《ほ》を持《も》つ女神《めがみ》が描《えが》かれたおとめ座《ざ》

ました。

車《くるま》の上《うえ》には、金《かね》のかんむりをかぶった、りっぱな王《おう》さまが乗《の》っていました。けれども、その顔《かお》は、気持《きも》ちがわるくなるくらい、青《あお》くいんきな色《いろ》でした。

その王《おう》さまは、いきなりうでをのばすと、ペルセフォネーをだきあげました。そして、ペルセフォネーが、悲鳴《ひめい》をあげて、

「おかあさん！」

と、さけぶのを、むりやり車《くるま》に乗《の》せて、馬《うま》にひとむちあてると、どこへともなく、風《かぜ》のようにとびさっていきました。

あとは、ひっそりとして、ただ小鳥《ことり》のなき声《ごえ》ばかりが、草原《くさはら》にきこえていました。

さまよう女神《めがみ》

そのころ、母《はは》のデメテールは、すみかのほら穴《あな》をでて、遠《とお》い土地《とち》まで、穀物《こくもつ》のみのりぐあいを見《み》まわりにでかけていました。そして、ふと、そよ風《かぜ》のあいまに、娘《むすめ》のさけび声《ごえ》がきこえてきたような気《き》がしたので、いそいでかえってきました。

すると、娘《むすめ》のあそび友《とも》だちのニンフたちが、おろおろしながら、

「女神《めがみ》さま、ペルセフォネーがいなくなりました。」

と、うったえました。

母《はは》の女神《めがみ》は、びっくりして、あちこちさがしまわったり、谷川《たにがわ》や、泉《いずみ》にいたほかのニンフたちにもたずねてみましたが、だれひとり、ペルセフォネーのすがたを見《み》かけたものはいませんでした。

夜《よる》になると、母《はは》は二本《ほん》のたいまつをもって、島《しま》のエトナ火山《かざん》のいただきにのぼり、そのあかりをたよりに、暗《くら》い谷《たに》だにをくまなくさがしてあるきました。

「ペルセフォネー！」

と、よびつづける母《はは》の声《こえ》は、さびしいこだまとなってかえってくるばかりでした。

こうして、母《はは》の女神《めがみ》は、九日《ここのか》九夜《ここのよ》のあいだ、陸《りく》から海《うみ》へ、海《うみ》から陸《りく》へと、いくつもの国《くに》ぐにをさがしまわって、ふたたび、すごすごとシシリア島《とう》へかえってきました。

そして、キアネという川《かわ》の岸《きし》に立《た》って、川《かわ》のなかにいたニンフたちに、娘《むすめ》のゆくえをたずね

ました。すると、ニンフたちは、だまったまま、ひとすじの美《うつく》しい帯《おび》を水《みず》の上《うえ》にうかべてみせました。

「まあ、この帯《おび》は、娘《むすめ》がしめていたものだわ！」

と、ひと目見《めみ》るなり、女神《めがみ》はさけびました。

川《かわ》のニンフたちは、あの日《ひ》、黒馬《くろうま》のひく二輪《にりん》馬車《ばしゃ》がこの川《かわ》べりに走《はし》ってきて、なかに、こわい顔《かお》の王《おう》さまが、泣《な》きさけんでいる少女《しょうじょ》をつかまえているのを見《み》たのです。

そのとき、王《おう》さまは、川《かわ》がゆくてをふさいでいるのを見《み》ると、三《み》つまたのやりで、川岸《かわぎし》をうちました。すると、大地《だいち》がひらいて、馬車《ばしゃ》はそのなかへきえていきました。

そこまでは、川《かわ》のニンフたちも見《み》たのですが、その話《はなし》をするのがこわくて、ペルセフォネーがおとしていった帯《おび》だけを、女神《めがみ》にわたしたのでした。

女神《めがみ》は、それで、娘《むすめ》がもう、この世《よ》にいないことだけはわかりました。けれども、どうしていなくなったかは、まるっきりわかりませんでした。

そして、十日《とおか》めの夜明《よあ》け近《ちか》くに、女神《めがみ》はふと、日《ひ》の神《かみ》ヘリオスのことを思《おも》いつきました。そして、

「そうだわ。あの神《かみ》なら、いつでも空《そら》をまわっているので、もしかしたら、娘《むすめ》がいなくなったのを知《し》っておいでかもしれない。」

と、考《かんが》えました。そこで、いそいで東《ひがし》をさしていき、ヘリオスの宮殿《きゅうでん》をたずねました。空《そら》へのぼるしたくをしていた日《ひ》の神《かみ》は、こうこうと光《ひか》る顔《かお》でうなずいて、

「娘《むすめ》さんを車《くるま》でさらっていったのは、冥土《めいど》の王《おう》のプルートーンです。その現場《げんば》を見《み》たのは、わたしひとりです。娘《むすめ》さんは、もう冥土《めいど》の王妃《おうひ》になっているでしょう。」

と、こたえました。

四つぶのざくろの実《み》

これで、やっと、ペルセフォネーのゆくえはわかりました。

しかし、母《はは》の女神《めがみ》は、絶望《ぜつぼう》のあまり、エンナの谷《たに》のほら穴《あな》にとじこもって、すがたを見《み》せなくなりました。こうして、「地《ち》の母《はは》」の女神《めがみ》は、かなしみのため、大地《だいち》をも見《み》すててしまったのです。

そのために、春《はる》がきても、草木《くさき》は芽《め》をださず、穀物《こくもつ》はのびず、花《はな》もさかず、くだものもみのら

南《みなみ》アルプスに光跡《こうせき》を描《えが》く、おとめ座《ざ》の主星《しゅせい》スピカ（左《ひだり》）と木星《もくせい》（右《みぎ》）

ず、地上《ちじょう》は、まるで冬枯《ふゆが》れのように、荒《あ》れはててしまいました。

牛《うし》や、馬《うま》や、ひつじたちも、ばたばたと死《し》に、人間《にんげん》も、食《た》べ物《もの》をうしなって、だんだんやせほそっていきました。

オリンポスの山《やま》の上《うえ》から、このありさまを見《み》た大神《おおがみ》ゼウスは、これでは、やがて世界《せかい》はほろびてしまうと思《おも》いました。

そこで、神《かみ》がみを、かわるがわるエンナの谷《たに》へつかわして、デメテールをやさしくさとしました。けれども、かなしみにしずんだ女神《めがみ》は、どうしても、ほら穴《あな》から出《で》ようとはしませんでした。

大神《おおがみ》は、もうこうなっては、冥土《めいど》の王《おう》プルートーンをときふせて、きさきになったペルセフォネーを、母《はは》のもとにかえらせるよりほかはないと思《おも》いました。

伝令《でんれい》の神《かみ》ヘルメースが、その使《つか》いとして冥土《めいど》へくだり、とくいの雄弁《ゆうべん》をふるって、プルートーン王《おう》をときふせました。

ペルセフォネーは、王妃《おうひ》のかんむりをいただいていて、もう、りっぱな威厳《いげん》をそなえていました。けれど、やはり、母《はは》のもとにかえりたいと思《おも》っていました。

プルートーン王《おう》も、大神《おおがみ》の命令《めいれい》にはしたがうほかありませんでした。

しかし、わるがしこい王《おう》は、ペルセフォネーが、むかえの二輪馬車《にりんばしゃ》に乗《の》ったとき、さりげなく、ざくろの実《み》を手《て》わたしました。なんにも知《し》らないペルセフォネーは、うっかり、ざくろの実《み》を四つぶ食《た》べてから、母《はは》のところへもどっていきました。

冥土《めいど》へいって、そこのものを食《た》べたものは、もうけっしてこの世《よ》にかえれないという、きびしい神《かみ》のおきてがあったのです。プルートーンは、それを利用《りよう》したのでした。
このため、ペルセフォネーは、母《はは》のもとへかえりはしましたが、ざくろの実《み》の四つぶにあたる四か月《げつ》のあいだは、冥土《めいど》の宮殿《きゅうでん》にすまなければ

ばならないことになりました。

母《はは》のデメテールは、その四か月《げつ》のあいだ、ほら穴《あな》にこもって、泣《な》きかなしんでいました。だから、この四か月《げつ》のあいだが冬《ふゆ》で、あとの八か月《げつ》、つまり、母《はは》と子《こ》がむつまじくくらすあいだが、春《はる》、夏《なつ》、秋《あき》であるといわれています。

春《はる》の夜《よ》に、南《みなみ》の空《そら》に見《み》えるおとめ座《ざ》は、デメテールのすがたであるといわれて、左手《ひだりて》にもっているむぎの穂《ほ》に、一等星《とうせい》のスピカがかがやいています。

また、太陽系《たいようけい》のはしのほうに、プルートーンという星《ほし》がめぐっています。日本《にほん》では、冥王星《めいおうせい》といいますが、いちばん暗《くら》いところで、よわい光《ひかり》をはなっているために、そのうちがわの天王《てんのう》星《せい》、海王星《かいおうせい》にたいして、そう名《な》づけられたものです。


このデメテール母子《ははこ》の物語《ものがたり》は、春夏秋冬《しゅんかしゅうとう》の自然《しぜん》の変化《へんか》を代表《だいひょう》したいちばん美《うつく》しい神話《しんわ》のひとつです。人生《じんせい》のよろこびにあふれた南《みなみ》ヨーロッパの楽土《らくど》と、暗《くら》く陰気《いんき》な地下《ちか》の世界《せかい》とを対照《たいしょう》して、ギリシア民族《みんぞく》の生死観《せいしかん》をよくあらわしています。

おとめ座《ざ》の主星《しゅせい》スピカは、麦《むぎ》の穂《ほ》といういみで、デメテールが左手《ひだりて》に麦《むぎ》の穂《ほ》をもっている形《かたち》になっています。星《せい》座《ざ》では女神《めがみ》はちょうど横倒《よこだお》しになって、はっきり見《み》えません。スピカは、日本《にほん》で真珠星《しんじゅぼし》というほど、美《うつく》しい色《いろ》と光《ひかり》をもっています。

おとめ座《ざ》

5月中旬《がつちゅうじゅん》、21時《じ》ごろの空《そら》

おとめ座《ざ》は、手《て》に麦《むぎ》の穂《ほ》を持《も》つ女神《めがみ》が描《えが》かれています。この女神《めがみ》の正体《しょうたい》にはいろいろな説《せつ》があり、お話《はなし》のとおりにデメテールという説《せつ》、その娘《むすめ》のペルセフォネーだという説《せつ》、正義《せいぎ》と天文《てんもん》の女神《めがみ》アストライアーだという説《せつ》もあります。手《て》に持《も》つ麦《むぎ》の穂《ほ》には、1等星《とうせい》の「スピカ」がかがやいています。

星《ほし》の名前《なまえ》	おとめ座《ざ》
英語名《えいごめい》	Virgo
見《み》えやすい時期《じき》	4月中旬《がつちゅうじゅん》～7月中旬《がつちゅうじゅん》
見《み》える方角《ほうがく》	南《みなみ》

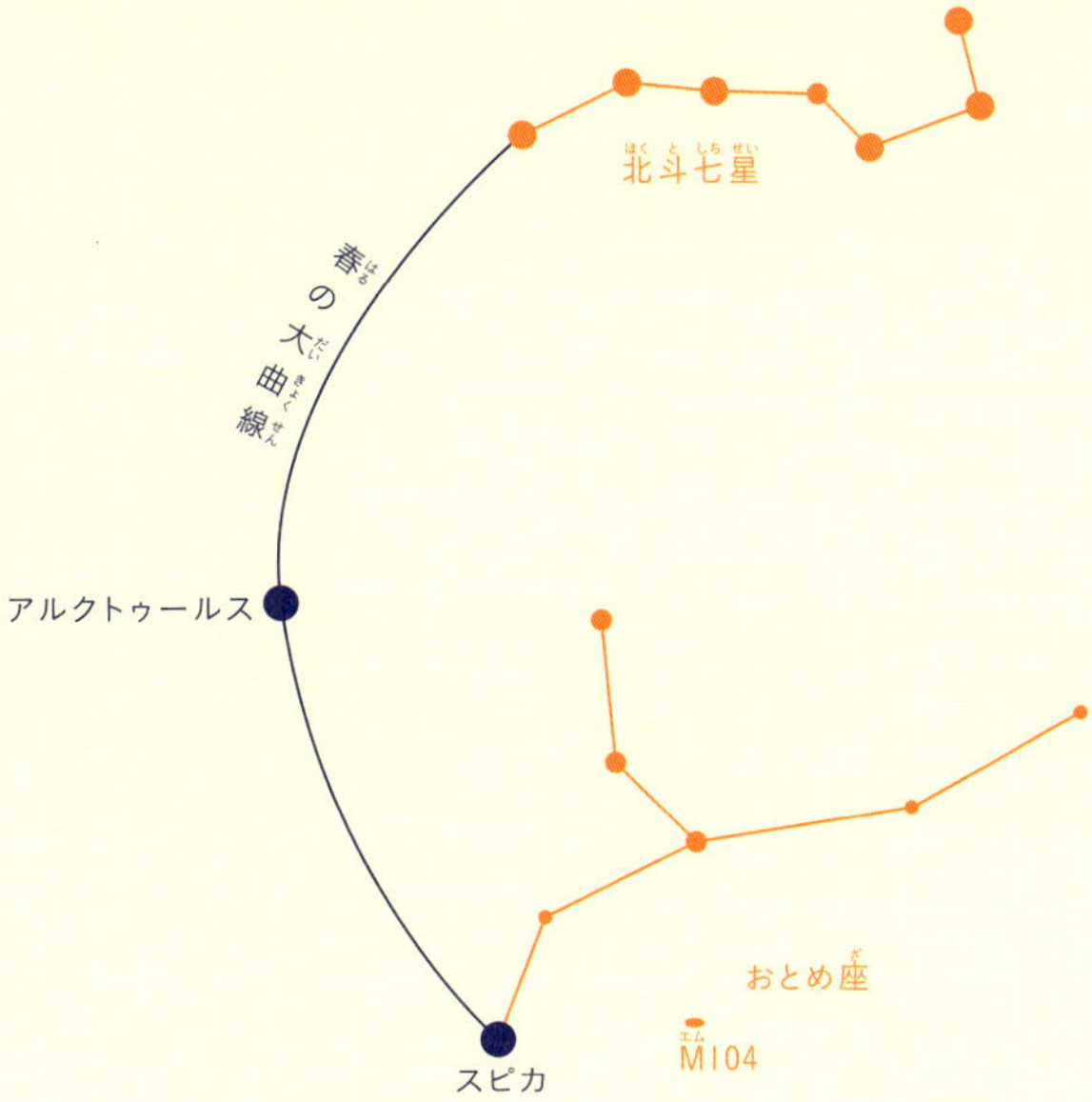

見《み》つけかた

北斗七星《ほくとしちせい》から、春《はる》の大曲線《だいきょくせん》をたどります。まず、北斗七星《ほくとしちせい》のひしゃくの柄《え》をのばし、アルクトゥールスを見《み》つけます。大曲線《だいきょくせん》をさらにのばすと、白《しろ》くかがやくスピカにぶつかります。このスピカから右上《みぎうえ》（北西《ほくせい》）の方向《ほうこう》へ、アルファベットのY《ワイ》の字《じ》の形《かたち》にならぶ星《ほし》ぼしがおとめ座《ざ》です。

ここにちゅうもく！

○スピカ

スピカという名前《なまえ》は、ラテン語《ご》で「麦《むぎ》などの穂《ほ》」という意味《いみ》です。白《しろ》くかがやいているので、日本《にほん》では「真珠星《しんじゅぼし》」という名《な》がついています。

○ソンブレロ銀河《ぎんが》（M《エム》104）

おとめ座《ざ》と、その南《みなみ》のからす座《ざ》とのさかいめあたりに、だ円《えん》の渦巻銀河《うずまきぎんが》があります。メキシコのぼうし、ソンブレロに形《かたち》がにているので、ソンブレロ銀河《ぎんが》とよばれています。

白《しろ》くかがやくスピカ

ソンブレロ銀河《ぎんが》

夏《なつ》の星座《せいざ》

梅雨《つゆ》が明《あ》けるころ、春《はる》の星《ほし》ぼしが西《にし》に移動《いどう》し、南北《なんぼく》に長《なが》くのびる天《あま》の川《がわ》が見《み》えてきます。天《あま》の川《がわ》のなかに、はくちょう座《ざ》、こと座《ざ》、わし座《ざ》、へび座《ざ》、へびつかい座《ざ》、いて座《ざ》、さそり座《ざ》が見《み》つかります。

天《あま》の川《がわ》から少《すこ》しはなれたところには、英雄《えいゆう》ヘルクレスのすがたを描《えが》いたヘルクレス座《ざ》があります。天《あま》の川《がわ》をはさんでかがやくこと座《ざ》のベガとわし座《ざ》のアルタイルは、七夕《たなばた》の伝説《でんせつ》に出《で》てくる織女星《しょくじょせい》と牽牛星《けんぎゅうせい》。双眼鏡《そうがんきょう》で織女星《しょくじょせい》から牽牛星《けんぎゅうせい》、いて座《ざ》の南斗六星《なんとろくせい》、そしてS字《エスじ》形《がた》のさそり座《ざ》へとたどっていくと、1年《ねん》のなかでもっとも美《うつく》しい夏《なつ》の星空散歩《ほしぞらさんぽ》が楽《たの》しめます。

★富士山麓《ふじさんろく》、山梨県鳴沢村《やまなしけんなるさわむら》で全天魚眼《ぜんてんぎょがん》レンズで撮影《さつえい》
7月上旬《がつじょうじゅん》、21時《じ》ごろ

ヘルクレス座《ざ》

美《うつく》しい友情《ゆうじょう》

旧友《きゅうゆう》のゆくえ

いまから、およそ、千九百年《ねん》ほどむかしのことです。中国《ちゅうごく》に後漢《ごかん》という時代《じだい》がありました。そのときの皇帝《こうてい》は、光武《こうぶ》（後漢の初代皇帝。在位二五〜五七年）といって、まずしい書生《しょせい》から身《み》をおこして、ついに天下《てんか》をとった英雄《えいゆう》でした。

この光武帝《こうぶてい》には、若《わか》いころ、おなじ先生《せんせい》について学《まな》んだ、ひとりの友《とも》だちがありました。厳《げん》子陵《しりょう》といって、学問《がくもん》も才能《さいのう》もすぐれた人物《じんぶつ》でしたが、光武《こうぶ》が皇帝《こうてい》になると、名《な》まえをかえて、どこかへすがたをかくしてしまいました。

光武《こうぶ》は、このむかしの友《とも》だちがそばにいてくれたら、国家《こっか》をおさめるのに、どれほど力《ちから》になるか知《し》れないと、いつも考《かんが》えていました。そこで、あるとき、人相書《にんそうが》きを国《くに》じゅうにまわして、子陵《しりょう》のゆくえをさがさせました。

しかし、いつまでたっても手《て》がかりがないので、光武《こうぶ》も、もうあきらめていました。

すると、ある日《ひ》、斉《せい》という国《くに》から、

「こちらで、ひつじの皮《かわ》をきた、ひとりの男《おとこ》が、沼《ぬま》でつりをしていますが、どうも人相書《にんそうが》きの人《じん》物《ぶつ》らしゅうございます。」

といって、知《し》らせてきました。

光武《こうぶ》は、大《おお》よろこびで、なおくわしく、

その男《おとこ》をしらべさせてみますと、たしかに、子《し》陵《りょう》にちがいないことがわかりました。

そこで、洛陽《らくよう》(いまの洛陽《ルオヤン》)の都《みやこ》から、はるばる馬車《ばしゃ》でむかえをやりました。ところが、

「見《み》つけだされたからには、しかたがありません。しかし、わたしは、いまさら、政治家《せいじか》の仲《なか》間《ま》いりをしたくないのです。このまま、いなかでひっそりとつりでもして、一生《しょう》をおくるのがのぞみです。」

と、子陵《しりょう》は、使《つか》いのものを追《お》いかえしました。

けれども、光武《こうぶ》はあきらめきれずに、三度《みたび》までもむかえをやりました。そこで、とうとう、子《し》陵《りょう》もしぶしぶしょうちして、馬車《ばしゃ》に乗《の》って洛陽《らくよう》へやってきました。

光武帝《こうぶてい》は、北《きた》の宮殿《きゅうでん》を子陵《しりょう》の宿《やど》として、まず、いろいろな、めずらしいものをごちそうしました。そして、じぶんは、あとから出《で》かけていきました。

ところが、子陵《しりょう》は、ぐうぐういびきをたててねむっていて、出《で》てきません。

光武《こうぶ》は、寝間《ねま》にはいっていき、子陵《しりょう》が床《とこ》から出《だ》している腹《はら》を、そっとさすりました。

子陵《しりょう》は、それでやっと目《め》をさますと、皇帝《こうてい》の手《て》をふりはらって、

「男子《だんし》たるものには、こころざしがある。それを、あなたは無視《むし》しようとするのか。」

と、きびしい声《こえ》で、きめつけました。

光武《こうぶ》は、ため息《いき》をつきましたが、

「それは思《おも》いちがいじゃ。こんやは、皇帝《こうてい》などという身分《みぶん》はわすれて、おたがいにまずしかった書生時代《しょせいじだい》の、きみとぼくにかえって、話《はな》しあいたいのじゃ。」

ヘルクレス座《ざ》周辺《しゅうへん》の星空《ほしぞら》

と、いいました。それで、子陵《しりょう》の心《こころ》も、やっとほぐれました。

そして、ふたりは、夜《よ》がふけるまで、おおいにのみ、おおいに食《た》べながら、遠《とお》いむかしの思《おも》い出《で》をかたりあいました。

ねぞうのわるい子陵《しりょう》

やがて、夜《よ》もだいぶふけたので、光武《こうぶ》は、

「さあ、むかしのように、床《とこ》をならべて寝《ね》よう。あとは、寝《ね》ものがたりじゃ。」

といって、床《とこ》をしかせました。

ところが、ねむってまもなくのことです。光武《こうぶ》は、ふとった腹《はら》の上《うえ》に、なにか重《おも》たいものが、ドスンとぶつかったので、びっくりしてはねおきました。

見《み》ると、となりの床《とこ》から子陵《しりょう》がころげだして、毛《け》むくじゃらのふとい足《あし》をつきだし、それが、じぶんの腹《はら》の上《うえ》に乗《の》っていたのです。そして、子陵《しりょう》は、なにかムニャムニャねごとをいっているのです。光武《こうぶ》は、思《おも》わずふきだして、

「子陵《しりょう》め、むかしのとおり、あいかわらずねぞうがわるいな。」

といって、そっと足《あし》をもどしてやりました。

夜《よ》があけると、天文台《てんもんだい》の役人《やくにん》が、あわててやってきて、

「しきゅう、陛下《へいか》に、お目《め》どおりさせてください。」

と、いいました。光武《こうぶ》があって、その話《はなし》をきくと、

「さく夜《や》、いつものように空《そら》を見《み》ておりますと、帝座《ていざ》の星《ほし》の近《ちか》くに、あやしい星《ほし》があらわれました。そして、夜《よ》なかに、帝座《ていざ》とぶつかりそうになりました。

これは、おそれながら、陛下《へいか》のお身《み》のうえに、なにかかわったことのおこる、まえぶれかとぞんじます。どうぞ、くれぐれもご用心《ようじん》なさいませ。」

と、いうのです。光武《こうぶ》は、わらいころげながら、

「それは、むかしの友《とも》だちの子陵《しりょう》の足《あし》が、わしの、この腹《はら》の上《うえ》に乗《の》ったままでじゃよ。」

と、こたえました。

皇帝《こうてい》は、子陵《しりょう》をそのまま引《ひ》きとめて、おもい位《くらい》につけようとしましたが、子陵《しりょう》は、あっさりことわって、富春山《ふしゅんざん》というところで、一生《いっしょう》をおくりました。

この帝座《ていざ》という星《ほし》は、ヘルクレス座《ざ》でいちばん明《あか》るい三等星《とうせい》で、天帝《てんてい》(天《てん》をつかさどる神《かみ》)の王座《おうざ》と見《み》られていたのです。

天子《てんし》のひざまくら

隋《ずい》のつぎの唐《とう》の玄宗皇帝《げんそうこうてい》(第六代皇帝。在位七一二〜七五六年)の時代《じだい》に、李泌《りひ》という名高《なだか》い将軍《しょうぐん》がおりました。

あるとき、安禄山《あんろくざん》という人《ひと》が乱《らん》をおこしたため、皇帝《こうてい》は、長安《ちょうあん》(いまの西安《シーアン》)の都《みやこ》から四川省《しせんしょう》の山奥《やまおく》へにげていき、李泌《りひ》もそれにしたがって、忠義《ちゅうぎ》をつくしました。

やがて、玄宗《げんそう》のつぎに、粛宗《しゅくそう》(第七代皇帝。在位七五六〜七六二年)という人《ひと》が位《くらい》につきました。そのとき、皇帝《こうてい》は、李《り》将軍《しょうぐん》をそばによんで、

「近《ちか》いうちに、おまえたちの力《ちから》で、長安《ちょうあん》の都《みやこ》をとりかえそうと思《おも》うが、そのときは、まずだいいちに、おまえの武功《ぶこう》にむくいなければならぬ。なんなりと、のぞみをいってみよ。」

と、いいました。

「ありがたいおことばなので、えんりょなく申《もう》しあげます。」

李泌《りひ》は、にこにこしながらつづけました。

「まず、領地《りょうち》をいただくとしましても、二、三百戸《こ》の小《ちい》さな村《むら》では、たいして食料《しょくりょう》のたしに

さまざまな色《いろ》のヘルクレス座《ざ》の星《ほし》ぼし

はなりません。だいいち、わたしは、いつも断《だん》食《じき》していることがおおいので、そんなものはいっこう、ほしいと思《おも》いません。

わたしののぞみは、だいぶかわっております。めでたく長安《ちょうあん》へおかえりになり、唐《とう》の天下《てんか》が太《たい》平《へい》になりましたときに、陛下《へいか》のおひざをまくらに、ひとねむりしたいのでございます。すると、天文博士《てんもんはかせ》が、あやしい星《ほし》が帝座《ていざ》の星《ほし》にせまりましたと、あわてて申《もう》しあげにまいりましょうから。」

これをきくと、皇帝《こうてい》は、腹《はら》をかかえてわらいました。

そののち、敵《てき》を追《お》いちらして、保定郡《ほていぐん》というところまで軍《ぐん》をすすめたときのことです。李泌《りひ》将軍は、司令官《しれいかん》の天幕《てんまく》のなかで、昼寝《ひるね》をしていました。

すると、こっそり天幕《てんまく》にはいってきたのは、粛宗皇帝《しゅくそうこうてい》でした。

皇帝《こうてい》は、寝台《しんだい》の上《うえ》にあがると、李泌《りひ》の頭《あたま》をそっとだいて、じぶんのひざの上《うえ》に乗《の》せました。やがて、李泌《りひ》が目《め》をさますと、このありさまなので、

「これは、おそれおおいことで!」

と、あわててとびおきました。しかし、皇帝《こうてい》は、その頭《あたま》をおさえたままで、

「将軍《しょうぐん》ののぞみをはたしたまでじゃ。きっと、空《そら》では、あやしい星《ほし》が帝座《ていざ》にせまっているだろうな。」

といって、わらいました。

「ありがたいことでございます。ところの名《な》も保定郡《ほていぐん》、きっと賊軍《ぞくぐん》をたいらげて、唐《とう》の天下《てんか》を保定《ほてい》してお目《め》にかけます。」

と、李泌《りひ》も、わらいながらいいました。

そのことばのとおり、李将軍《りしょうぐん》は、勇《いさ》ましいいきおいで軍《ぐん》をすすめ、とうとう長安《ちょうあん》の都《みやこ》をとりもどしました。

この話《はなし》は、欲《よく》のない李泌《りひ》が、むかしの厳子陵《げんしりょう》のことを思《おも》いだして、たわむれをいったのに、皇帝《こうてい》がまた、そのたわむれにむくいたのです。きっと、ふたりとも、星《ほし》うらないなどは信《しん》じていなかったことでしょう。

夏《なつ》のヘルクレス座《ざ》の主星《しゅせい》は、あまり目立《めだ》ちませんが、中国《ちゅうごく》ではこれを天帝《てんてい》の王座《おうざ》と見《み》て、帝座《ていざ》とよんでいます。この星《ほし》の近《ちか》くに、流星《りゅうせい》や、ホウキ星《ぼし》があらわれたのを、「客星帝座《かくせいていざ》を犯《おか》す」といって、天子《てんし》に何《なに》か不吉《ふきつ》があると信《しん》じていました。

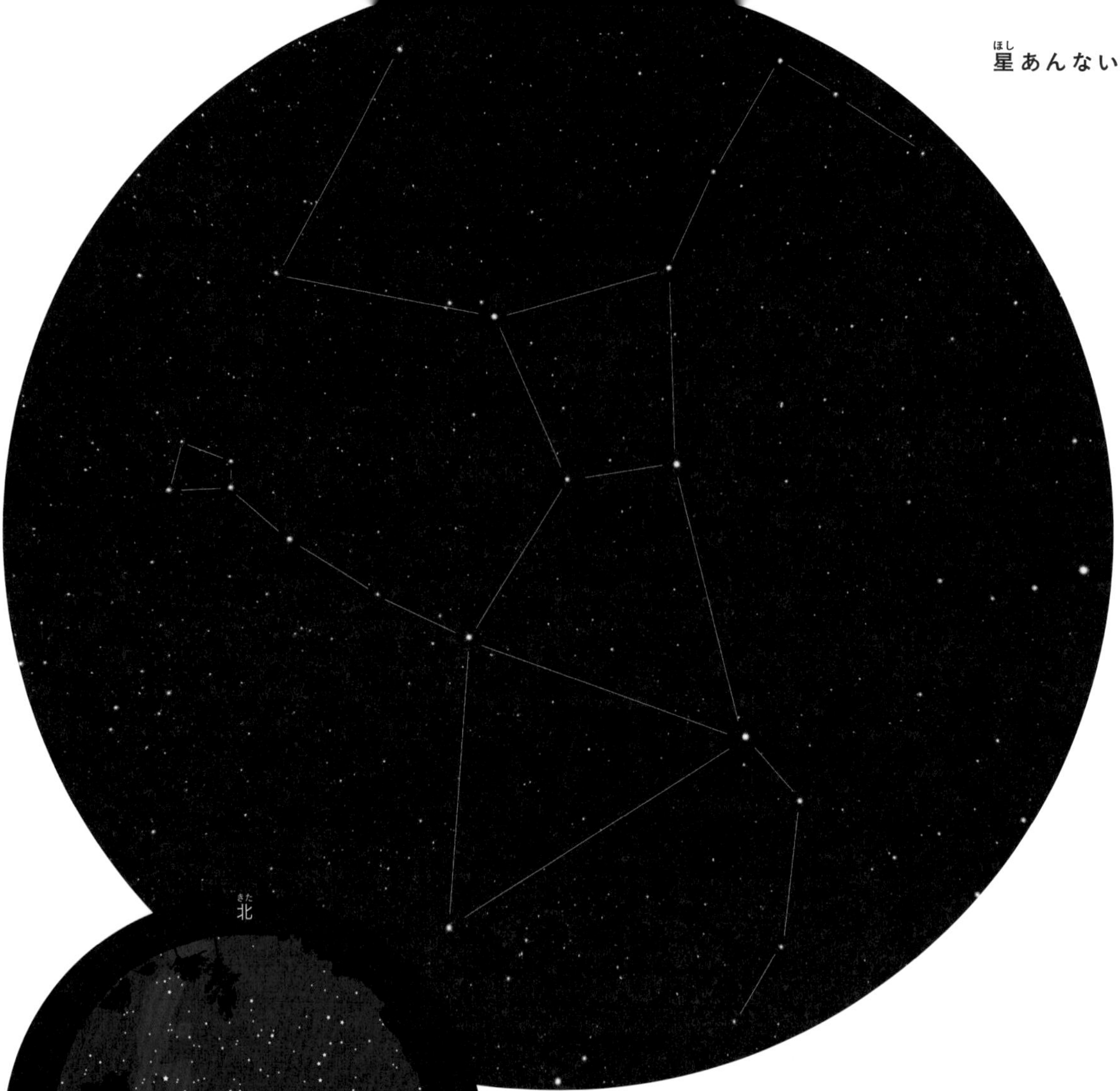

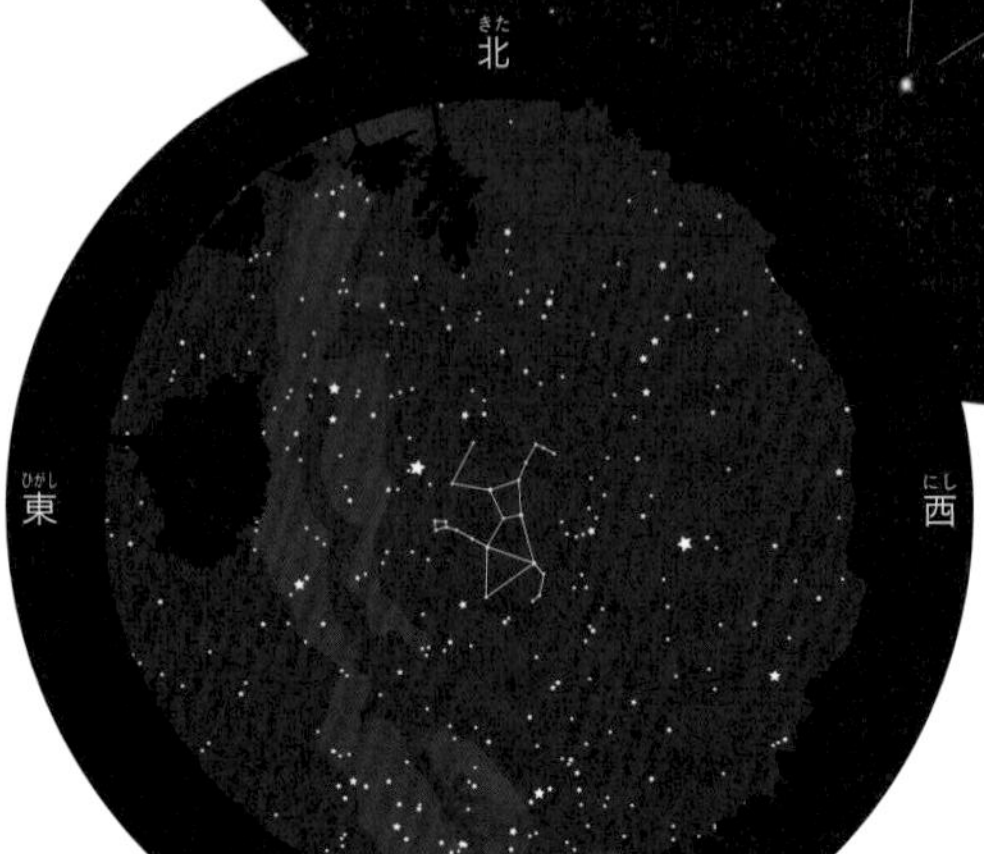

7月中旬《がつちゅうじゅん》、21時《じ》ごろの空《そら》

ヘルクレス座《ざ》

星《ほし》の名前《なまえ》	ヘルクレス座《ざ》
英語《えいご》	Hercules
見《み》えやすい時期《じき》	5月中旬《がつちゅうじゅん》〜9月中旬《がつちゅうじゅん》
見《み》える方角《ほうがく》	天頂《てんちょう》

ギリシア神話《しんわ》の英雄《えいゆう》ヘルクレスのすがたを描《えが》いた星座《せいざ》です。ヘルクレスは、大神《おおがみ》ゼウスと、ミケーネの王女《おうじょ》アルクメーネのあいだに生《う》まれた子《こ》ども。にぎやかな夏《なつ》の天《あま》の川《がわ》のとなりにかがやいています。

見《み》つけかた

3〜5等星《とうせい》の星《ほし》ぼしでできているヘルクレス座《ざ》はすこし暗《くら》い星座《せいざ》。見《み》つけづらいかもしれません。まず、真上《まうえ》にかがやく星《ほし》、こと座《ざ》のベガを見《み》つけます。そして、北斗七星《ほくとしちせい》からのびる春《はる》の大曲線《だいきょくせん》から、うしかい座《ざ》のアルクトゥールスを見《み》つけます。ベガとアルクトゥールスのあいだにある、H《エイチ》の字《じ》の形《かたち》をした星《ほし》ぼしが、ヘルクレス座《ざ》の胴体部分《どうたいぶぶん》です。

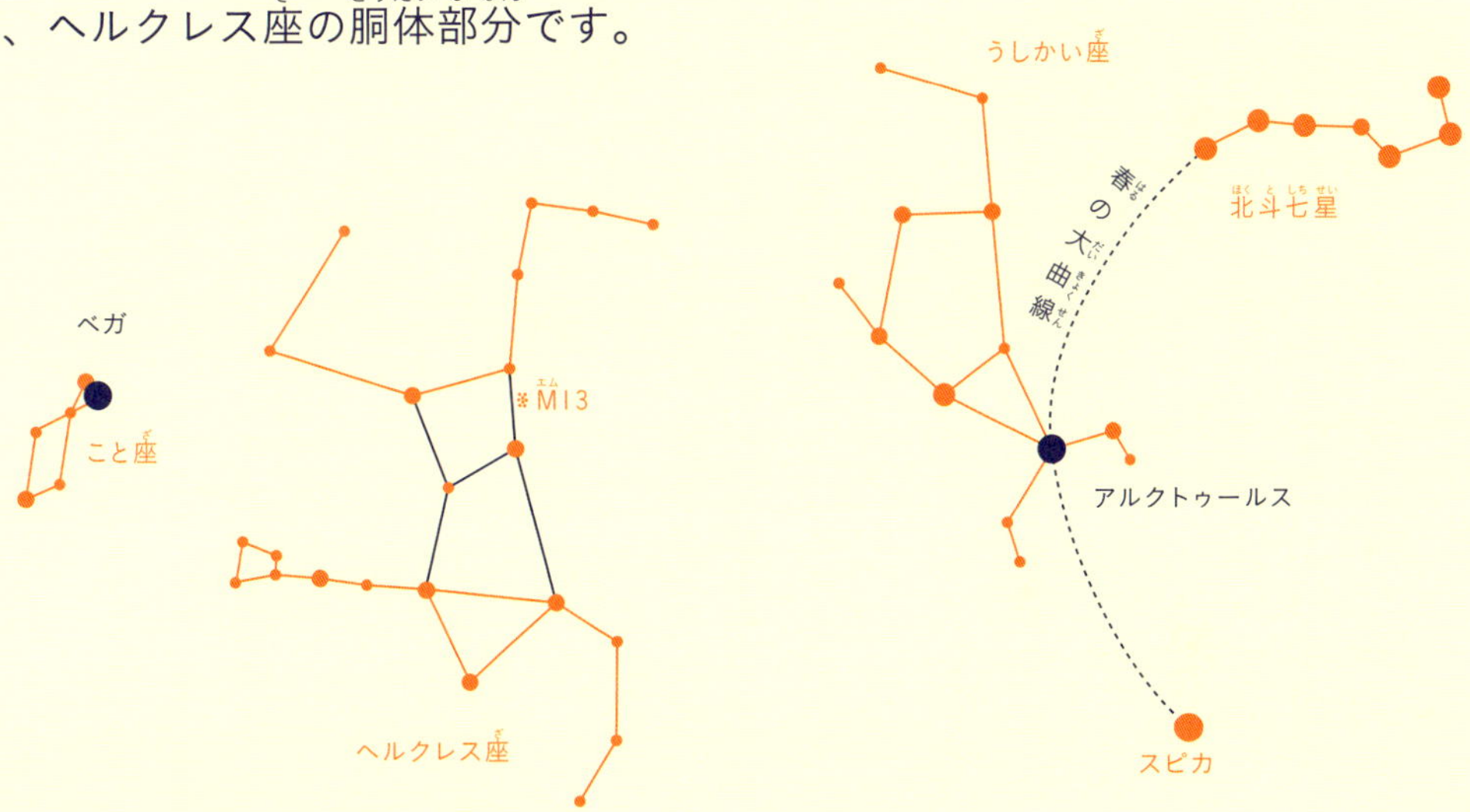

ヘルクレス座《ざ》にある球状星団《きゅうじょうせいだん》・M《エム》13

ここにちゅうもく！

○球《きゅう》状《じょう》星《せい》団《だん》、M《エム》13

ヘルクレス座《ざ》には北《きた》の空《そら》でいちばん大《おお》きい球状星団《きゅうじょうせいだん》、M《エム》13があります。ヘルクレス座《ざ》の胴体《どうたい》のあたりにあり、望遠鏡《ぼうえんきょう》で見《み》ると、中心部《ちゅうしんぶ》が明《あか》るく金平糖《こんぺいとう》のような小《ちい》さな星《ほし》があつまっているようすがよくわかります。星団《せいだん》のなかでいちばん美《うつく》しいともいわれています。

さそり座《ざ》

魔法《まほう》のつりばり

老婆《ろうば》のあごの骨《ほね》

むかし、南太平洋《みなみたいへいよう》のポリネシアに、マウイという若者《わかもの》がいました。マウイのおばあさんは、百いくつという年《とし》よりで、もう目《め》が見《み》えず、死《し》ぬばかりになっていました。

マウイには、四人《にん》の兄《あに》がありました。この兄《あに》たちは、まい日《にち》かわるがわる、おばあさんの小《こ》屋《や》まで、食《た》べ物《もの》をはこんでいましたが、だんだんめんどうくさくなったので、

「どうせ、老《お》いさきのみじかいおばあさんだもの、食《た》べさせるのはもったいないや。」

と、はこぶとちゅうで、じぶんたちで食《た》べてしまいました。

おかげで、おばあさんはひもじくて、日《ひ》に日《ひ》によわっていきました。

けれども、すえの弟《おとうと》のマウイだけは、おばあさん思《おも》いで、じぶんの番《ばん》がくると、じぶんの食《た》べ物《もの》までそえて、はこんでいきました。

おばあさんは、見《み》えない目《め》になみだをためながら、よわよわしい声《こえ》で、

「マウイや、おまえひとりが、ほんとうの孫《まご》だよ。わたしは、もうじき死《し》ぬけれど、そのときは、わたしの下《した》あごの骨《ほね》をはずして、つりばりをこしらえるのだよ。おまえはまだ、つりばりをもっていないし、これは、魔《ま》法《ほう》のつりばりになるからね。」

と、いいきかせました。

ある日《ひ》のこと、マウイが食《た》べ物《もの》をはこんで

いってみると、おばあさんは、ぐったりとなっていて、からだの半分《はんぶん》はもう死《し》んでいました。それでも、口《くち》だけは、もぐもぐうごいていました。それは、

「マウイや、はやく下《した》あごをおはずしよ。」

と、いっているようでした。

それで、マウイは、泣《な》くなくおばあさんの下《した》あごをはずして、さっそくつりばりをつくり、それをかくして家《いえ》にもどりました。

兄《あに》たちは、この弟《おとうと》がつりばりをもっていないのをばかにして、いつも、さかなつりにつれていってくれなかったのです。

マウイの忍術《にんじゅつ》

マウイが家《いえ》にかえってみると、四人《にん》の兄《あに》たちは、丸木船《まるきぶね》を海《うみ》へおしだして、つりにでかけるところでした。マウイは、そばへかけよって、

「ぼくも、つれていっておくれ。」

と、たのみましたが、兄《あに》たちは、

「だめ、だめ。おまえがいったところで、さかななんかつれるものか。」

「いつものように、おとなしく、るす番《ばん》をしていろ。」

と、口《くち》ぐちにどなって、船《ふね》に乗《の》りうつりました。

けれども、マウイは、おばあさんにおそわった忍術《にんじゅつ》をつかって、一寸《いっすん》ぼうしに

日《ひ》の出前《でまえ》のさそり座《ざ》

なり、こっそり船《ふね》にもぐりこみました。そして、船《ふね》が沖《おき》へでたところで、ひょっこりすがたをあらわしました。兄《あに》たちは、びっくりして、

「こいつ、ずるいやつだ。いつのまにもぐりこんだのだ。」

「つりばりもないくせに、じゃまっけだ。」

「船《ふね》をもどして、岸《きし》へあげっちまおうよ。」

と、ぶつぶつおこりながら、引《ひ》きかえしはじめました。ところが、いくらこいでも、岸《きし》があとずさりして、船《ふね》をつけることができないのです。

「おかしなことがあるもんだ。」

「これでは、乗《の》せていくほかはない。」

「まあ、いいさ。どうせつりはできないんだから、船《ふね》の水《みず》あかでもくみださせろ。」

こういって、兄《あに》たちは、また、船《ふね》を沖《おき》へこぎだしていきました。

マウイは、兄《あに》たちがつっているあいだ、おとなしく水《みず》あかをくんでは、海《うみ》へあけていました。

だいぶつりあげたので、そろそろ引《ひ》きあげようとすると、マウイは、

「ぼくも、ちょっとつっていくよ。」

といって、かくしていた魔法《まほう》のつりばりと、糸《いと》をとりだしました。そして、

「えさをすこしわけておくれ。」

と、たのみました。けれども、兄《あに》たちは意地《いじ》わるく、

「えさなんか、もうのこっていないよ。」

と、あいてにしませんでした。

そこで、マウイは、じぶんの鼻《はな》をげんこつでなぐりつけて、鼻血《はなぢ》をだしてから、それを糸《いと》の玉《たま》になすりつけ、つりばりにつけて、海《うみ》へなげこみました。

つりあげた大岩《おおいわ》

すると、すぐなにかかかって、つり糸《いと》がぴんとはり、船《ふね》がひどくかたむきました。

「やあ、これは大《おお》ものらしいぞ。」

「ふかか、それとも、さめかな。マウイ、はなすなよ。それ、しっかり、しっかり!」

兄《あに》たちも、わいわいさわぎはじめました。マウイが、力《ちから》をこめて、そろそろ糸《いと》をたぐってみると、波《なみ》のあいだから頭《あたま》をあらわしたものは、さかなの形《かたち》をした、まっ黒《くろ》な、おそろしく大《おお》きな岩《いわ》でした。

しかも、さかなのようにあばれまわって、船《ふね》は、いまにもひっくりかえりそうです。

「やあ、たいしたものがかかった。くじらより

も大《おお》きな岩《いわ》らしいぞ。」

と、兄《あに》たちはびっくりして、さけびました。

「にいさんたち。これは、綱《つな》でしばって引《ひ》っぱっていかないとだめだよ。」

と、マウイはいいました。そして、

「ぼくが綱《つな》をとってくるあいだ、そっとしておいておくれ。なぐったりなんかしては、いけないよ。」

といって、ざぶんと海《うみ》へとびこんで、岸《きし》をめざして泳《およ》いでいきました。

そのあいだも、大岩《おおいわ》はものすごいいきおいであばれまわり、波《なみ》がうちこんで、船《ふね》はなんどもひっくりかえりそうになりました。

兄《あに》たちは、とうとう、しんぼうができなくなって、ぼうで、岩《いわ》をガンガンなぐりつけたり、刀《かたな》でめちゃくちゃにきりつけました。

春《はる》の富士山《ふじさん》の上《うえ》をめぐるさそり座《ざ》

そのいたさで、大岩《おおいわ》は、いよいよはげしくはねまわって、船《ふね》に体《たい》あたりをくらわせました。そのため、船《ふね》はめりめりとさけて、兄《あに》たちは海《うみ》へほうりだされてしまいました。そこへ、泳《およ》ぎもどってきたマウイは、

「だから、いわないことじゃない。」

と、綱《つな》でしばりあげて、ようやく大岩《おおいわ》をしずめました。これは、じつは、岩《いわ》どころか、大《おお》きな大《おお》きな島《しま》だったのです。

地図《ちず》で見《み》ると、オーストラリアの東《ひがし》に、ニュージーランドがあって、島《しま》が南北《なんぼく》ふたつにわかれています。この北《きた》の島《しま》こそ、マウイがつりあげたもので、人《ひと》びとは、いまでも「テ・イカ・マウイ(マウイのさかな)」とよんでいます。その名《な》のとおり、さかなの形《かたち》をした島《しま》で、兄《あに》たちが、なぐったり、きりつけたりしたあと

が、あちこちに、山《やま》や谷《たに》になってのこっています。

そして、つりばりは、島《しま》の東《ひがし》の、「マタウ・ア・マウイ（マウイのつりばり）」という岬《みさき》になったといわれます。

けれども、ふつうには、そのつりばりがはねあがって、空《そら》の星《ほし》のあいだにひっかかり、それが夏《なつ》のさそり座《ざ》になったといわれています。

なるほど、さそり座《ざ》の大《おお》きなS《エス》の字《じ》の形《かたち》は、つりばりにそっくりです。

日本《にほん》の瀬戸内海《せとないかい》のりょうしたちも、これとおなじ見《み》かたをして、「ウオツリボシ」とか、「タイツリボシ」などとよんでいます。

さそり座《ざ》のS字《エスじ》にまがったのを、ポリネシアの人《ひと》たちが釣《つ》り針《ばり》と見《み》たのは、日本《にほん》の漁師《りょうし》と同《おな》じです。しかし、針《はり》が老婆《ろうば》のあごの骨《ほね》でつくったものであったり、えさが鼻血《はなぢ》をなすった糸玉《いとだま》であったところなど、ポリネシアの人《ひと》らしい空想《くうそう》と思《おも》います。

さそり座《ざ》

7月中旬《がつちゅうじゅん》、21時《じ》ごろの空《そら》

　ギリシア神話《しんわ》では、狩人《かりうど》オリオンをその毒針《どくばり》で殺《ころ》したという話《はなし》がのこっているさそり座《ざ》。大《おお》きな２本《ほん》のはさみと毒針《どくばり》を持《も》つすがたが描《えが》かれています。大《おお》きなＳ字《エスじ》の形《かたち》が釣《つ》り針《ばり》ににているところから、「魚釣《うおつ》り星《ぼし》」や「鯛釣《たいつ》り星《ぼし》」とよばれることもあります。

星《ほし》の名前《なまえ》	さそり座《ざ》
英語名《えいごめい》	Scorpius
見《み》えやすい時期《じき》	６月中旬《がつちゅうじゅん》〜８月中旬《がつちゅうじゅん》
見《み》える方角《ほうがく》	南《みなみ》

見《み》つけかた

まず、α星《アルファせい》のアンタレスを見《み》つけます。南《みなみ》の低《ひく》い空《そら》にひときわ明《あか》るくかがやく赤《あか》い星《ほし》がアンタレスです。そこからS《エス》の字《じ》ににた星《ほし》のならびをさがしてみましょう。S字《エスじ》の先《さき》に、すこし山《やま》がたになった三《み》つ星《ぼし》があります。S《エス》字《じ》が胴体《どうたい》、三《み》つ星《ぼし》が胸《むね》にあたります。

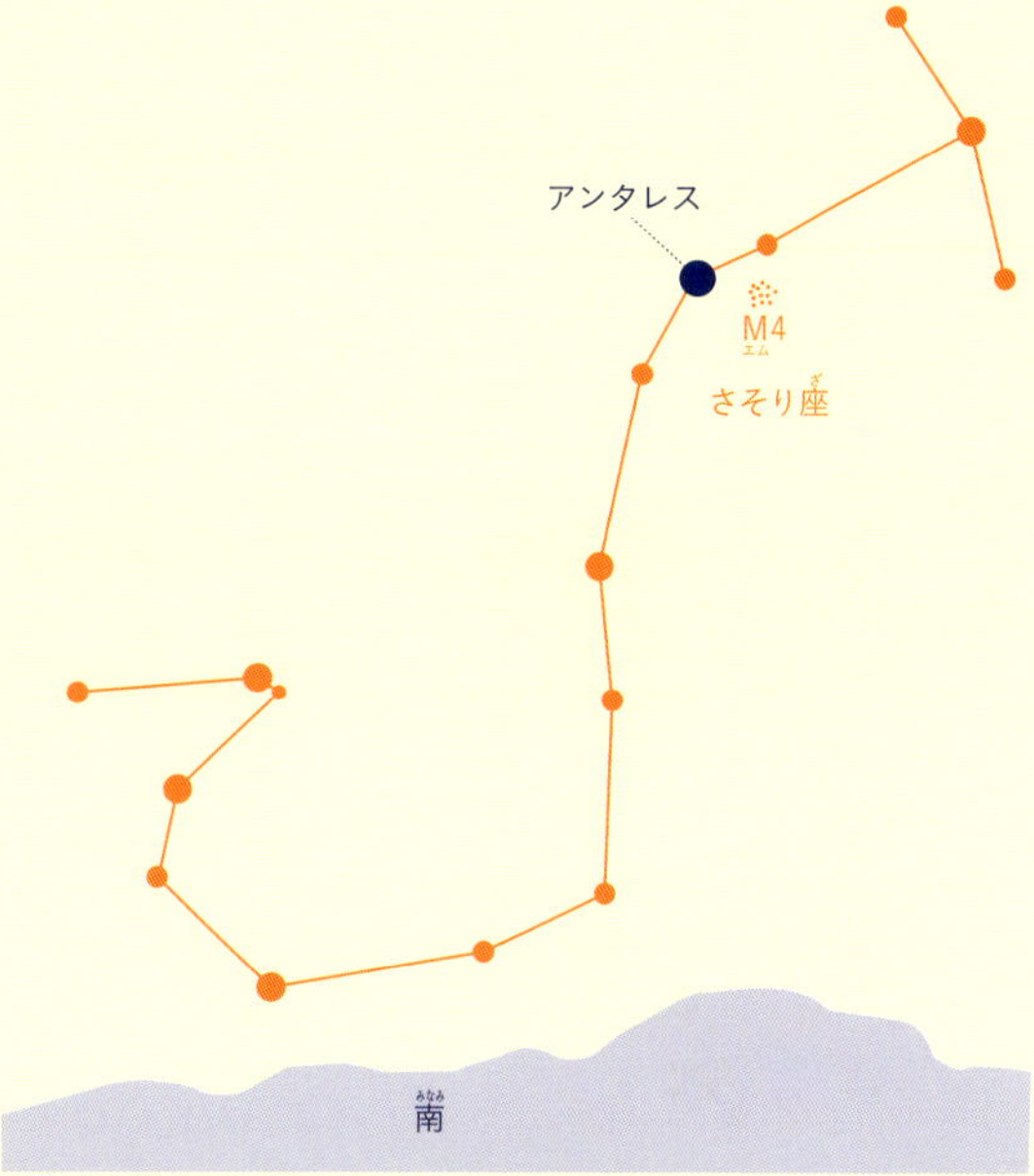

ここにちゅうもく！

○アンタレス

直径《ちょっけい》が太陽《たいよう》の約《やく》720倍《ばい》もある大《おお》きな星《ほし》。火星《かせい》に対《たい》するものという意味《いみ》を持《も》ち、その名《な》のとおり、火星《かせい》が接近《せっきん》することがあり、その赤《あか》さを競《きそ》いあっているようにも見《み》えます。

○球状星団《きゅうじょうせいだん》、M4《エム》

双眼鏡《そうがんきょう》でアンタレスを視野《しや》に入《い》れて、ゆっくりと西《にし》がわにずらしていくと星《せい》団《だん》を見《み》つけることができます。この星団《せいだん》が、球状星団《きゅうじょうせいだん》のM4《エム》です。

アンタレスに近《ちか》づいていく火星《かせい》（中央《ちゅうおう》の赤《あか》い星《ほし》）

球状星団《きゅうじょうせいだん》、M4《エム》

天《あま》の川《がわ》

織女《しょくじょ》と牽牛《けんぎゅう》

天《てん》の神《かみ》の娘《むすめ》

天《あま》の川《がわ》の東《ひがし》の宮殿《きゅうでん》に、ひとりの美《うつく》しい娘《むすめ》がすんでいました。天帝《てんてい》(天《てん》をつかさどる神《かみ》)の子《こ》ですが、父《ちち》のいいつけで、あけてもくれても機《はた》をおっていました。それで、名《な》まえを織女《しょくじょ》といいました。

織女《しょくじょ》のおる布《ぬの》は、雲錦《うんきん》といって、雲《くも》かきりのようにうすい、むらさき色《いろ》のにしきでした。

また、その糸《いと》をはくかいこは、天上《てんじょう》にはえている扶桑《ふそう》という木《き》の葉《は》でかったもので、つむいだ糸《いと》は、天《あま》の川《がわ》ですすいだものだといわれます。

雲錦《うんきん》にまつわる話《はなし》によると、それに日光《にっこう》をうつしてみると、五《ご》色《しき》の気《き》がむらむらと立《た》ちのぼり、ちりをかければ、しぜんにちってしまうといいます。そして、きものをつくると、雨《あめ》や雪《ゆき》にもぬれず、ま冬《ふゆ》にきると、わたをいれなくてもあたたかいし、ま夏《なつ》にきれば、風《かぜ》がなくてもすずしいということです。

ところで、織女《しょくじょ》は、この雲錦《うんきん》を、まい日《にち》まい日《にち》おりつづけて、娘《むすめ》らしいよろこびも知《し》らなければ、ふさふさした黒髪《くろかみ》をすくこともなく、玉《たま》のような顔《かお》に、おしろいひとつつけずにはたらいていました。

これには、きびしい父《ちち》も、さすがにかわいそ

青白《あおじろ》くかがやく織女星《しょくじょせい》（ベガ）

うに思《おも》って、天《あま》の川《がわ》の西《にし》にすむ、牽牛《けんぎゅう》という若《わか》者《もの》におよめ入《い》りさせました。

すると、織女《しょくじょ》は、こんどは結婚《けっこん》のたのしさにむちゅうになってしまって、父《ちち》のいいつけの機《はた》おりなどそっちのけに、あけてもくれても鏡《かがみ》のまえで、べにおしろいばかりつけるようになりました。

父《ちち》の天帝《てんてい》は、とうとう腹《はら》をたてて、織女《しょくじょ》をむりやりにもとの宮殿《きゅうでん》へつれもどしました。そして一年《ねん》に一かい、七月七日《がつなのか》の夜《よる》だけ、天《あま》の川《がわ》をわたって、夫《おっと》の牽牛《けんぎゅう》にあいにいくことをゆるしました。

このときは、鳥《とり》のかささぎが、天《あま》の川《がわ》のなかにつばさをならべて、橋《はし》となり、織女《しょくじょ》をわたしてやるのだといわれています。それで、これを「かささぎの橋《はし》」といいます。

これは、中国《ちゅうごく》の伝説《でんせつ》ですが、このほかにも中《ちゅう》国《ごく》には、織女《しょくじょ》と牽牛《けんぎゅう》の話《はなし》が、いくつかあります。それを、もうふたつ書《か》いてみることにしましょう。

天《あま》の川《がわ》をさかのぼった男《おとこ》

むかし、ひとりの男《おとこ》が、海《うみ》の近《ちか》くにすんでいました。

まい年《とし》、八月《がつ》になると、きまって海《うみ》に材木《ざいもく》がいく本《ほん》も流《なが》れてくるのを見《み》て、男《おとこ》は、ふしぎに思《おも》いました。そこで、食糧《しょくりょう》をたくさん用意《ようい》して、いかだに乗《の》り、海《うみ》へこぎだしていきました。

はじめの十日《とおか》ばかりのあいだは、太陽《たいよう》や月《つき》や星《ほし》も見《み》えましたが、そのあとは、なんだかぼうっとして、男《おとこ》には、はっきりした記憶《きおく》がありません。

また十日《とおか》あまりたつと、いかだは、銀色《ぎんいろ》にかがやく大川《おおかわ》のなかをのぼっていました。

そのうち、川《かわ》べりに、宮殿《きゅうでん》のような家《いえ》が立《た》ちならんでいるところにつきました。いかだから見《み》あげると、どの宮殿《きゅうでん》にも美《うつく》しい女《おんな》がいて、せっせと機《はた》をおっていました。そして、むこう岸《ぎし》には、ひとりの若者《わかもの》が、牛《うし》に水《みず》をのませているのが見《み》えました。

そこで男《おとこ》は、いかだを若者《わかもの》のほうへ近《ちか》づけていきました。すると、若者《わかもの》は、びっくりした顔《かお》で、

「どうして、ここへきなさった?」

と、たずねました。男《おとこ》は、これまでのことを話《はな》してから、

「いったい、ここはどこですか?」

と、といかえしました。

「それには、こたえられません。国《くに》へかえってから、蜀《しょく》の国《くに》の厳君平《げんくんぺい》をたずねてきけば、わかるでしょう。」

若者《わかもの》は、これだけいうと、あとはなにをきいてもだまったまま、牛《うし》に水《みず》をやっていました。

しかたなく、男《おとこ》は岸《きし》にあがらず、もときたほうへ、川《かわ》をくだっていきました。

そして、のちに、蜀《しょく》の国《くに》へいって、星《ほし》うらないの先生《せんせい》の厳君平《げんくんぺい》にあって、その話《はなし》をしました。

すると、厳君平《げんくんぺい》はひざをたたいて、

「いつぞやの夜《よる》、わしが空《そら》をながめていると、見《み》なれない星《ほし》が、天《あま》の川《がわ》をのぼっていって、牽《けん》牛星《ぎゅうせい》のそばでとまったことがあった。日《ひ》をかぞえてみると、ちょうど、きみの話《はなし》とぴったりあう。では、あの星《ほし》は、きみだったのだな。」

と、いいました。

織女《しょくじょ》のやくそく

唐《とう》の時代《じだい》に、郭子儀《かくしぎ》という、ゆうめいな人《ひと》がありました。

まだ身分《みぶん》がひくくて、いなかでくらしていた

牽牛星《けんぎゅうせい》（アルタイル・右下《みぎした》の明《あか》るい星《ほし》）と織女星《しょくじょせい》（ベガ・左上《ひだりうえ》の明《あか》るい星《ほし》）

ころのことでした。

ある秋《あき》の夜《よ》、庭《にわ》さきにでていると、きゅうに、あたりに紅色《べにいろ》の光《ひかり》がさしました。びっくりして空《そら》を見《み》あげると、りっぱな車《くるま》が、しずしず、とおるところでした。

車《くるま》には、ぬいとりをしたまくがかかってい て、美《うつく》しいひとりの天女《てんにょ》が、しょうぎ(いすの一種《いっしゅ》)に腰《こし》をかけ、足《あし》をたれたまま、下界《げかい》のけしきを見《み》おろしていました。

「そうだ。きょうは七月七日《がつなのか》だ。すると、あの天女《てんにょ》は、織女《しょくじょ》にちがいない。」

郭子儀《かくしぎ》は、そう気《き》がつくなり、両手《りょうて》をくんで、うやうやしく礼拝《れいはい》しながらいいました。

「織女《しょくじょ》さま。どうぞ、わたしに、長生《ながい》きと富《とみ》とをおさずけください。」

すると、織女《しょくじょ》は、にこやかにわらって、

「せっかくのねがいですから、かなえてあげます。あなたは、やがて、富《とみ》は思《おも》いのまま、長生《ながい》きもうたがいありません。」

と、こたえて、ふたたび、しずしずと天《てん》にのぼり、やがて、車《くるま》もろとも、星《ほし》のあいだにきえてしまいました。

それからまもなく、郭子儀《かくしぎ》は、粛宗皇帝《しゅくそうこうてい》につかえて、国賊《こくぞく》をうち、手《て》がらを立《た》てたので、どんどん出世《しゅっせ》しました。

いちど、郭子儀《かくしぎ》は遠征《えんせい》にいって、大病《たいびょう》にかかったことがありました。けらいたちが、心配《しんぱい》すると、

「いや、わしのいのちのことなら、心配《しんぱい》はいらない。織女《しょくじょ》が、長生《ながい》きするとやくそくしてくださったからな。」

と、郭子儀《かくしぎ》はこたえました。

青白《あおじろ》くかがやく牽牛星《けんぎゅうせい》（アルタイル）

はたして、病気《びょうき》はまもなくなおって、八十五歳《さい》まで長生《ながい》きしました。

高《たか》い位《くらい》にあること三十年《ねん》。倉《くら》には、金銀《きんぎん》や宝《たから》ものを山《やま》のようにつみあげ、けらいたちのかずは三千人《にん》。八人《にん》の子《こ》どもと、七人《にん》のむこは、いずれもおもい役《やく》について、孫《まご》ばかりでも五、六十人《にん》にもなり、誕生日《たんじょうび》などにあつまると、名《な》まえがわからないほどでした。

これも、織女《しょくじょ》が、やくそくを守《まも》ったからだとつたえられています。

みなさんがごぞんじの「たなばたまつり」は、中国《ちゅうごく》では乞巧奠《きこうでん》というまつりでした。

これは、七月七日《がつなのか》に、織女《しょくじょ》と牽牛《けんぎゅう》をまつって、この夫婦《ふうふ》の星《ほし》が、うまくあえるようにといのり、あわせて、婦人《ふじん》の手芸《しゅげい》（機《はた》おり、琴《こと》、習字《しゅうじ》など）がじょうずになるようにいのった行事《ぎょうじ》です。

この伝説《でんせつ》と行事《ぎょうじ》とが、いまから千二百年《ねん》ほどまえ、日本《にほん》の奈良朝時代《ならちょうじだい》に、唐《とう》からつたわって、織女《しょくじょ》を「オリヒメ」、牽牛《けんぎゅう》を「ヒコボシ」といい、七夕《しちせき》と書《か》いて、「たなばた」とよむようになったのです。

いまの天文学《てんもんがく》では、織女《しょくじょ》は、夏《なつ》のこと座《ざ》のベガ、牽牛《けんぎゅう》はわし座《ざ》のアルタイルという星《ほし》のことです。どちらも、あかるい一等星《とうせい》で、天《あま》の川《がわ》をへだてて、美《うつく》しくまたたきあっています。

天《あま》の川《がわ》をはさんでまたたきあうふたつの一等星《とうせい》（こと座《ざ》のベガとわし座《ざ》のアルタイル）にまつわる話《はなし》は、星《ほし》の伝《でん》説《せつ》として世界《せかい》でいちばん美《うつく》しいものになっています。

はじめは、織女《しょくじょ》を蚕桑《さんそう》の象徴《しょうちょう》、牽牛《けんぎゅう》を農耕《のうこう》の象徴《しょうちょう》と見《み》ていたのでしょうが、これを夫婦星《ふうふぼし》と見《み》るようになったのは漢時代《かんじだい》からのことです。そして、横暴《おうぼう》な父《ちち》が、夫婦《ふうふ》の間《あいだ》をさいた伝説《でんせつ》は、地《ち》上《じょう》にあった話《はなし》を星《ほし》にむすびつけたものでしょう。

星《ほし》の色《いろ》、いろいろ

夜空《よぞら》にかがやく星《ほし》を見《み》ていると、赤《あか》、青《あお》、白《しろ》、オレンジ、黄《き》……と、さまざまな色《いろ》の星《ほし》があることに気《き》づくでしょう。たとえば、さそり座《ざ》の心臓部《しんぞうぶ》のあたりにかがやくアンタレスは赤《あか》、全天一明《ぜんてんいちあか》るいおおいぬ座《ざ》のシリウスは青白《あおしろ》、狩人《かりうど》オリオン座《ざ》の右肩《みぎかた》にあるベテルギウスはオレンジに見《み》えます。これは、星《ほし》の表面《ひょうめん》の温度《おんど》のちがいにより、色《いろ》が変《か》わって見《み》えるものです。星《ほし》の表面温度《ひょうめんおんど》が２万《まん》℃《ど》以上《いじょう》になると青白《あおじろ》く見《み》え、約《やく》６千℃《ど》では黄《き》、約《やく》３千℃《ど》と温度《おんど》の低《ひく》い星《ほし》は赤《あか》く見《み》えます。星《ほし》の色《いろ》を観察《かんさつ》するのも楽《たの》しいものです。

赤《あか》いアンタレス

青白《あおじろ》いシリウス

天《あま》の川《がわ》

8月中旬《がつちゅうじゅん》、20時《じ》ごろの空《そら》

星《ほし》の名前《なまえ》	天《あま》の川《がわ》
英語名《えいごめい》	Milky Way
見《み》えやすい時期《じき》	6月下旬《がつげじゅん》～10月下旬《がつげじゅん》
見《み》える方角《ほうがく》	南北《なんぼく》に長《なが》くのびる

夏《なつ》の夜《よる》、北東《ほくとう》から南西《なんせい》にかけて、夜空《よぞら》に大《おお》きな淡《あわ》い光《ひかり》の帯《おび》がかがやきます。そのすがたは、まるで川《かわ》が流《なが》れているようです。これが天《あま》の川《がわ》です。織女《しょくじょ》（ベガ）と牽牛《けんぎゅう》（アルタイル）のふたつの星《ほし》が天《あま》の川《がわ》をはさんでかがやき、七夕《たなばた》の伝説《でんせつ》となりました。

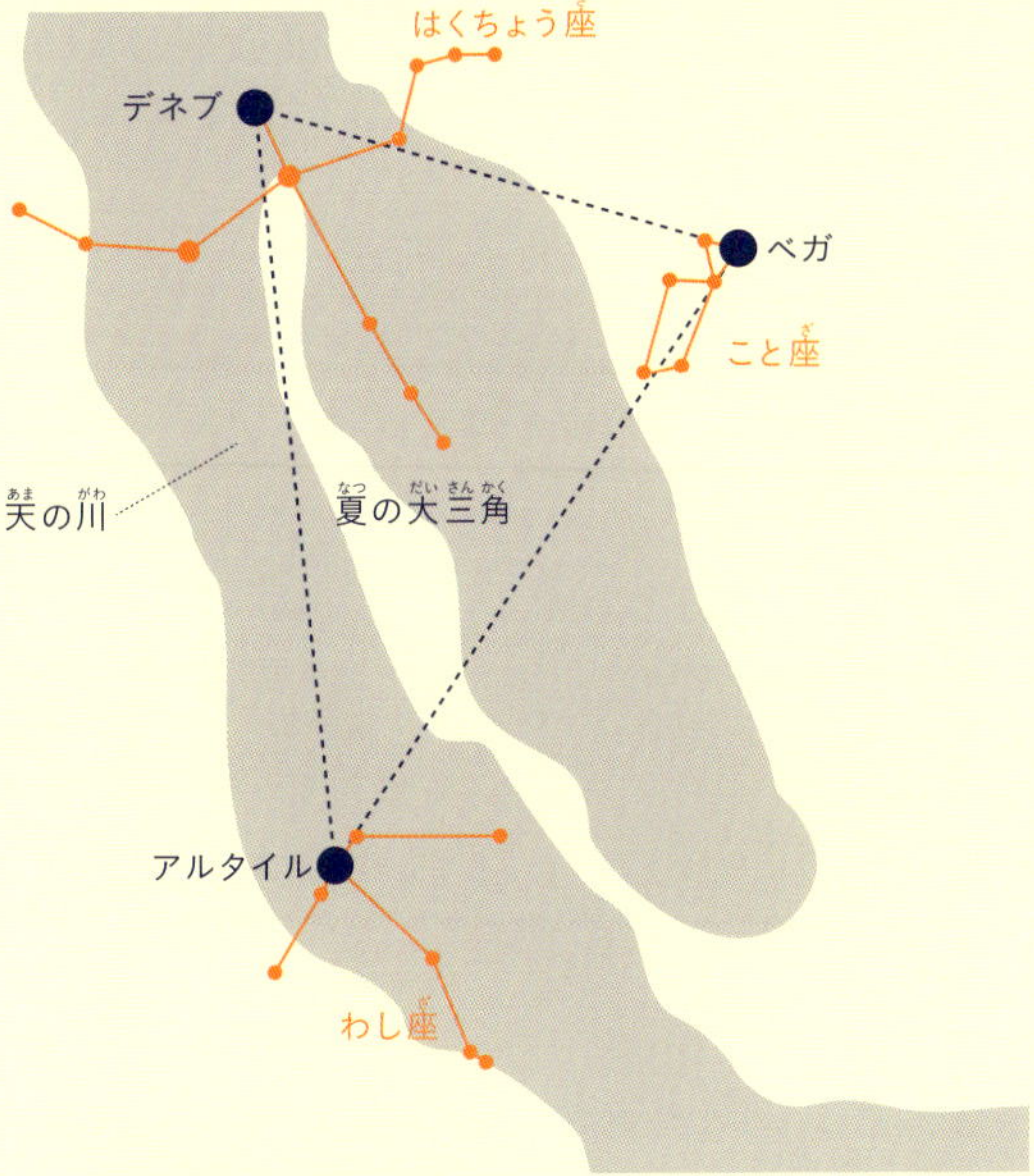

見《み》つけかた

天頂《てんちょう》の近《ちか》くに「夏《なつ》の大三角《だいさんかく》」を見《み》つけましょう。その大三角《だいさんかく》のなかを天《あま》の川《がわ》が下《した》（南《みなみ》）へと流《なが》れています。南《みなみ》の真上《まうえ》あたりでいちばん明《あか》るい星《ほし》が、こと座《ざ》のベガです。ベガから下《した》（南《みなみ》）の方《ほう》にわし座《ざ》のアルタイルが明《あか》るくかがやいています。ベガとアルタイルをむすび、三角形《さんかくけい》を作《つく》る場所《ばしょ》にある星《ほし》が、はくちょう座《ざ》のデネブです。この３つの星《ほし》をむすんだものが夏《なつ》の大三角《だいさんかく》です。

ここにちゅうもく！

○ベガとアルタイル

七夕《たなばた》の伝説《でんせつ》の織女星《しょくじょせい》はこと座《ざ》のベガ。牽牛星《けんぎゅうせい》はわし座《ざ》のアルタイル。どちらもとても明《あか》るい星《ほし》です。星空《ほしぞら》をながめていると近《ちか》くにあるように見《み》えますが、ふたつの星《ほし》の実際《じっさい》の距離《きょり》は16光年《こうねん》（光《ひかり》が16年《ねん》かかってとどく距離《きょり》）もあります。光《ひかり》は１年《ねん》に約《やく》９兆《ちょう》５千億《おく》キロすすめるので、実際《じっさい》はとてもはなれているのです。

南半球《みなみはんきゅう》から見《み》た天《あま》の川《がわ》

夏《なつ》の大三角《だいさんかく》と天《あま》の川《がわ》

いて座《ざ》

黒仙人《くろせんにん》と白仙人《しろせんにん》

人相《にんそう》を見《み》る名人《めいじん》

いまからおよそ千五、六百年《ねん》ほどまえ、中国《ちゅうごく》の魏《ぎ》という国《くに》に、農夫《のうふ》のむすこで、趙顔《ちょうがん》という十七、八歳《さい》の若者《わかもの》がいました。

五月《がつ》の、ある暑《あつ》い日《ひ》のことでした。趙顔《ちょうがん》がむぎ畑《ばたけ》へでて、父《ちち》とはなれて仕事《しごと》をしていると、近《ちか》くの道《みち》を、馬《うま》に乗《の》った老人《ろうじん》がとおりかかりました。

顔《かお》つきはかわっていますが、なんとなく気品《きひん》のある老人《ろうじん》です。仕事《しごと》の手《て》をやすめて、趙顔《ちょうがん》が見《み》おくっていると、老人《ろうじん》は、馬《うま》の上《うえ》から、じっと若者《わかもの》の顔《かお》を見《み》つめて、

「やれやれ、かわいそうに。」

と、ため息《いき》をもらして、馬《うま》をすすめていきました。

それをききとがめた趙顔《ちょうがん》は、いきなり畑《はたけ》をとびだして、老人《ろうじん》に追《お》いつき、

「わたしの身《み》のうえに、なにか、かわったことでもおこるのでしたら、どうぞおしえてください。」

と、すがるようにたのみました。すると、老人《ろうじん》は、馬《うま》をちょっととめて、

「ではいうが、気《き》のどくなことだが、おまえは、はたちまでは生《い》きられまい。それが人相《にんそう》にでているのじゃ。」

と、こたえてから、さっさといってしまいました。若者《わかもの》はびっくりして、畑《はたけ》のむこうにいた父《ちち》のところへとんでいって、おろおろ声《ごえ》で知《し》らせ

ました。

「それは、たいへんだ。」

と、父《ちち》も、顔色《かおいろ》をかえました。

「ここから見《み》ていたが、あのかたは管輅《かんろ》先生《せんせい》という、都《みやこ》いちばんの星《ほし》うらないの先生《せんせい》で、人相《にんそう》も見《み》なさるということじゃ。そのかたのおっしゃったことだ。まちがいあるまい。すぐさま追《お》っかけて、おねがいしなけりゃ……。」

と、かまをほうりだすなり、荷馬《にうま》にとび乗《の》って、道《みち》を走《はし》っていきました。

すると、となり村《むら》の入《い》り口《ぐち》の茶店《ちゃみせ》で、さっきの老人《ろうじん》は、ゆうゆうと酒《さけ》をのんでいました。

父《ちち》の農夫《のうふ》は、胸《むね》をなでおろすなり、管輅《かんろ》のまえにひれふしました。

「先生《せんせい》、どうぞ、せがれのいのちをお助《たす》けください。」

「だしぬけに、なんの話《はなし》じゃ。」

管輅《かんろ》は、さかずきを手《て》にもったまま、いいました。

「はい。わたしは、さっきお目《め》にかかりました、若者《わかもの》の父《ちち》でございます。せがれが、はたちまえに死《し》ぬというお話《はなし》をきいて、びっくりしました。なんとか、先生《せんせい》のお力《ちから》で、せがれの寿命《じゅみょう》をの

天《あま》の川《がわ》といて座《ざ》

ばしていただくわけにはまいりませんでしょうか。」

農夫《のうふ》は、管輅《かんろ》の長《なが》いそでにすがりつきました。

「その話《はなし》か……。」

と、老人《ろうじん》は、むずかしい顔《かお》になって、

「しかし、人間《にんげん》の寿命《じゅみょう》は、天《てん》がきめたもので、わしの力《ちから》では、どうすることもできんよ。」

と、いいました。

「そこを、なんとかしてくださいませんか。あのせがれは、ひとつぶ種《だね》なのです。あと、一、二年《ねん》で死《し》なれては、わたしら夫婦《ふうふ》も、生《い》きているのぞみがありません。」

農夫《のうふ》は、とうとう、泣《な》きだしてしまいました。

「こまったことになったな。」

管輅《かんろ》は、ひげをしごきながら、しばらく考《かんが》えこんでいましたが、

「では、しかたがない。これは、だいじな秘法《ひほう》じゃが、子《こ》を思《おも》う親心《おやごころ》にめんじて、おしえてあげよう。」

と、いいだしました。

「いいかな。まず、とびきりじょうとうの酒《さけ》をひとたると、鹿《しか》の肉《にく》のほしたのを用意《ようい》するのじゃ。そして、あしたの朝《あさ》はやく、それをむすこにもたせて、あのむぎ畑《ばたけ》の南《みなみ》にある、くわの大木《たいぼく》のところへいかせるのじゃ。」

「はい、はい。」

「すると、その木《き》の下《した》で、ふたりの仙人《せんにん》が碁《ご》をかこんでいるから、たるの酒《さけ》をわんにくんで、ほし肉《にく》といっしょに、そっと、ふたりのそばへだしておくのじゃ。そして、のんだら、あとからあとから、酒《さけ》をつぐのじゃ。

しかし、だいじなことは、そのとき、むすこは、けっして口《くち》をきいてはならぬぞ。仙人《せんにん》たちが、気《き》がついて、なにをいおうと、だまって、ただおがんでいることじゃ。」

「かしこまりました。きっと、せがれに、そのとおりにいたさせます。」

と、農夫《のうふ》は、もう大《おお》よろこびで、足《あし》もちゅうをとんで、家《いえ》へかえりました。

十九年《ねん》が九十年《ねん》にのびる

家《いえ》にかえるなり、父《ちち》の農夫《のうふ》は、いわれたとおりに、とびきりじょうとうな酒《さけ》と、しかのほし肉《にく》を手《て》に入《い》れてきました。

そして、東《ひがし》の空《そら》の白《しら》むのをまちかねて、若者《わかもの》は荷《に》をかついで、むぎ畑《ばたけ》の南《みなみ》にある、くわ畑《ばたけ》へ出《で》かけました。

西湖《さいこ》（山梨県南《やまなしけんみなみ》都留《つる》郡《ぐん》）よりながめた、富士山《ふじさん》といて座《ざ》

なるほど、そこのいちばん大《おお》きなくわの木《こ》かげに、ふたりの仙人《せんにん》がいて、碁盤《ごばん》にむかいあって、パチリパチリと、うっていました。

北《きた》がわにすわっている仙人《せんにん》は、色《いろ》の黒《くろ》い、どんぐり目玉《めだま》のこわい顔《かお》つきでしたが、南《みなみ》がわの仙人《せんにん》は、色《いろ》の白《しろ》い、やさしい顔《かお》をしていました。

若者《わかもの》が、こわごわそばへいっても、どちらも碁《ご》にむちゅうになっていて、気《き》がつかないようでした。

そこで、若者《わかもの》は、だまったまま、たるの酒《さけ》をわんについで、そっとさしだしました。

黒仙人《くろせんにん》は、ひったくって、がぶがぶのみました。白仙人《しろせんにん》は、ゆっくりうけて、ちびちびのみました。けれど、ふたりとも、だれが酒《さけ》をついでいるのか、ふりかえろうともしないのです。

酒《さけ》のあいまに、しかの肉《にく》をそっとすすめても、やはりおなじことでした。

こうして、若者《わかもの》は、あとからあとから、酒《さけ》と肉《にく》をさしだしました。

やがて、たるがからっぽになり、肉《にく》もなくなるころになって、やっと勝負《しょうぶ》がつきました。

負《ま》けたのは、北《きた》がわの黒仙人《くろせんにん》で、いっそう色《いろ》が黒《くろ》くなり、目玉《めだま》がぎらぎら光《ひか》っていました。そして、はじめてふりむいて、若者《わかもの》を見《み》ると、

「やっ、こいつ、どこからきた。ここは、人間《にんげん》のくるところではない。とっととかえれ。」

と、かみつくような声《こえ》でいいました。

若者《わかもの》は、がたがたふるえましたが、ここがだいじなところだと思《おも》って、両手《りょうて》をくんで、ただ、ぺこぺこおじぎばかりしていました。

すると、南《みなみ》がわの白仙人《しろせんにん》が、

「まあ、ゆるしてやれ。それに、さっきから、のみくいしたのは、みんなただじゃ。これはなんとかしてやらねばならぬ。おまえは、なにか、ねがいごとがあるらしいな。」

と、やさしくたずねました。

おかげで、若者《わかもの》はやっと勇気《ゆうき》がでて、じぶんのねがいごとを申《もう》しでました。

「ふむ、そうか。そして、おまえの名《な》まえは、なんというか？」

と、きいてから、白仙人《しろせんにん》は、ふところからあつい帳面《ちょうめん》をとりだしました。その帳面《ちょうめん》の表紙《ひょうし》には、「人間寿命帳《にんげんじゅみょうちょう》」と、書《か》いてありました。

白仙人《しろせんにん》は、名《な》まえをしらべて、

「これじゃな、趙顔《ちょうがん》とある。ええと、寿命《じゅみょう》十九歳《さい》とある。もうあと、二、三年《ねん》じゃな。」

と、つぶやきました。

若者《わかもの》は、おどおどして、ひたいを大地《だいち》にすり

つけました。

　白仙人《しろせんにん》は、そばのふでをとると、いきなり「十九」を、くるりとひっくりかえして「九十」にしました。そして、

「これでよかろう。おまえは、九十まで生《い》きられるぞ。」

と、いいました。

「これは、大《おお》まけじゃ。とっととかえれ!」

と、黒仙人《くろせんにん》が、かたわらから、かみなり声《こえ》でいいました。若者《わかもの》は、うしろも見《み》ずに、

「助《たす》かった! 助《たす》かった!」

と、さけびながら、ちゅうをとんで家《いえ》にかえりました。

　それからしばらくたって、管輅《かんろ》が、ふたたび馬《うま》に乗《の》って、村《むら》をとおりかかりました。

　農夫《のうふ》と、そのむすこは、走《はし》りより、馬《うま》のまえにひれふして、礼《れい》をのべました。

　管輅《かんろ》は、まんぞくそうにうなずいて、

「それはよかった。北《きた》がわにいた黒《くろ》い仙人《せんにん》は、北斗七星《ほくとしちせい》の精《せい》で、南《みなみ》がわの白《しろ》い仙人《せんにん》が、南斗六《なんとろく》星《せい》の精《せい》じゃ。

いて座《ざ》の近《ちか》くを飛《と》ぶ流《なが》れ星《ほし》

南斗《なんと》は、生《せい》をつかさどり、北斗《ほくと》は、死《し》をつかさどるのじゃ。子《こ》どもが母《はは》にやどるとき、南斗《なんと》と北斗《ほくと》がそうだんして、その子《こ》がなん歳《さい》まで生《い》きるかをきめて、寿命帳《じゅみょうちょう》につけるのじゃ。

ほう、十九をひっくりかえして九十とは、大《おお》できじゃ。いや、おめでとう。」

といって、ゆうぜんと立《た》ちさりました。

中国《ちゅうごく》の天文学《てんもんがく》は星占《ほしうらな》いがつきまとっていたため、惜《お》しくも科学《かがく》として発達《はったつ》しませんでした。この話《はなし》に出《で》てくる管《かん》輅《ろ》も名高《なだか》い星占家《せいせんか》で、いろいろの伝説《でんせつ》をのこしています。おもしろいことは、おおぐま座《ざ》の北斗七星《ほくとしちせい》と、いて座《ざ》の南斗六星《なんとろくせい》が、大小《だいしょう》のちがいはあっても、形《かたち》がとてもよく似《に》ているところから、生《せい》と死《し》をつかさどる仙人《せんにん》と考《かんが》えたことです。

いて座《ざ》の南斗六星《なんとろくせい》は、半人半馬《はんじんはんば》の姿《すがた》をした怪人《かいじん》の弓《ゆみ》と、弓《ゆみ》をひく手《て》の部分《ぶぶん》をなしています。六つの星《ほし》が、小《ちい》さなひしゃくをふせたような形《かたち》に見《み》えます。

星雲《せいうん》と星団《せいだん》

星《ほし》をながめていると、星《ほし》と星《ほし》のあいまに、雲《くも》のようなものが見《み》えたり、たくさんの星《ほし》が集《あつ》まっているような場所《ばしょ》があったりします。これが、星雲《せいうん》や星団《せいだん》とよばれるものです。

雲《くも》のように見《み》えるものが、ちりやガスなどがあつまった星雲《せいうん》です。まわりの星《ほし》からの光《ひかり》を反射《はんしゃ》している反射星雲《はんしゃせいうん》、みずから光《ひかり》を発《はっ》している発光星雲《はっこうせいうん》、ちりが濃《こ》く、後《うし》ろからの光《ひかり》をさえぎって暗《くら》く（黒《くろ》く）見《み》える暗黒星雲《あんこくせいうん》などの種類《しゅるい》があります。また、見《み》え方《かた》によって、いろいろな名前《なまえ》がついているものもあります。

いくつもの星《ほし》が集《あつ》まっているものが星団《せいだん》です。数《すう》十万個《まんこ》もの星《ほし》ぼしが集団《しゅうだん》となっているものもあります。丸《まる》く、ボールのように集《あつ》まっている球状星団《きゅうじょうせいだん》と、星《ほし》の集《あつ》まりがまばらな散開星団《さんかいせいだん》があります。

星雲《せいうん》や星団《せいだん》には、M《エム》20（いて座《ざ》の三裂星雲《さんれつせいうん》）、ＮＧＣ《エヌジーシー》869（ペルセウス座《ざ》の二重星《にじゅうせい》団《だん》）のように、それぞれ番号《ばんごう》がつけられています。

星雲《せいうん》や星団《せいだん》を見《み》るには、肉眼《にくがん》で天《あま》の川《がわ》が見《み》えるくらいの暗《くら》い夜空《よぞら》がおすすめです。小《ちい》さな双眼鏡《そうがんきょう》をもっていくのを忘《わす》れずに！　双眼鏡《そうがんきょう》は、肉眼《にくがん》で見《み》るよりも明《あか》るく見《み》えるので、暗《くら》い星雲《せいうん》や星団《せいだん》を見《み》ることができます。

いて座《ざ》の干潟星雲《ひがたせいうん》、M《エム》８（左下《ひだりした》、干潟《ひがた》のように見《み》えることからこうよばれる）と、三《さん》裂星雲《れつせいうん》・M《エム》20（右上《みぎうえ》、星雲《せいうん》が３つにわかれて見《み》えることからこうよばれる）

ヘルクレス座《ざ》の星団《せいだん》、M《エム》13。星《ほし》が丸《まる》く集《あつ》まった球状星団《きゅうじょうせいだん》。数《すう》十万個《まんこ》の星《ほし》からできていると考《かんが》えられている

いて座《ざ》

8月中旬《がつちゅうじゅん》、21時《じ》ごろの空《そら》

ギリシア神話《しんわ》に出《で》てくる、上半身《じょうはんしん》が人《ひと》、下《か》半身《はんしん》が馬《うま》のケンタウルス一族《いちぞく》のケイローンが描《えが》かれています。となりにあるさそり座《ざ》を弓《ゆみ》でねらっているすがたです。

いて座《ざ》には、たくさんの星雲《せいうん》や星団《せいだん》がひしめき、観察《かんさつ》しがいのある星座《せいざ》です。

星《ほし》の名前《なまえ》	いて座《ざ》
英語名《えいごめい》	Sagittarius
見《み》えやすい時期《じき》	7月中旬《がつちゅうじゅん》～9月中旬《がつちゅうじゅん》
見《み》える方角《ほうがく》	南《みなみ》

見《み》つけかた

さそり座《ざ》（p.99）のＳ《エス》字形《じがた》の左《ひだり》（東《ひがし》）がわに、北斗七星《ほくとしちせい》のならびににた「南斗六星《なんとろくせい》」をさがします。星《ほし》が６つでひしゃくの形《かたち》をしています。この南斗六星《なんとろくせい》がケイロンの弓《ゆみ》を引《ひ》く腕《うで》の部分《ぶぶん》になり、南斗六星《なんとろくせい》を中心《ちゅうしん》に、左下《ひだりした》（南《なん》東《とう》）に胴体《どうたい》から下半身《かはんしん》の部分《ぶぶん》、右下《みぎした》（南西《なんせい》）に前《まえ》あしの星《ほし》のならびが見《み》つかります。

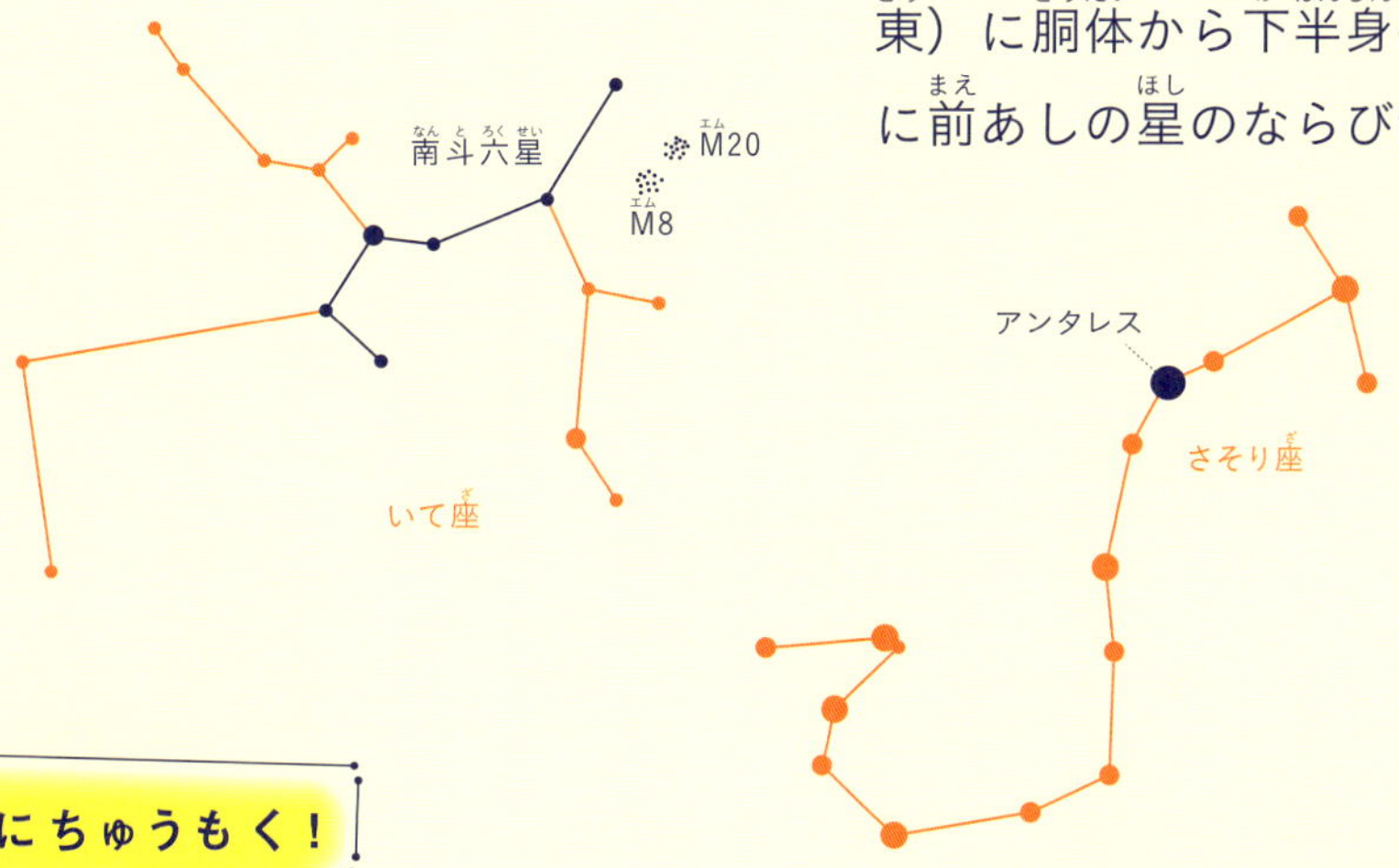

ここにちゅうもく！

○南斗六星《なんとろくせい》

北《きた》の空《そら》の七《なな》つ星《ぼし》のひしゃく、北斗七星《ほくとしちせい》に対《たい》して、南《みなみ》の空《そら》の六《む》つ星《ぼし》のひしゃくを南《なん》斗六星《とろくせい》とよびます。ヨーロッパでは、この南斗六星《なんとろくせい》はミルクのスプーン（Milk《ミルク》 Dipper《ディッパー》）とよばれたりもしています。

○干潟星雲《ひがたせいうん》、Ｍ《エム》８

いて座《ざ》のなかにはたくさんの星雲《せいうん》があります。Ｍ《エム》８は、星雲《せいうん》のなかに暗黒星雲《あんこくせいうん》（光《ひかり》を出《だ》さないガスやちりのあつまり）があり、水《みず》が引《ひ》いた干潟《ひがた》のように見《み》えることから、干潟星雲《ひがたせいうん》とよばれています。

南斗六星《なんとろくせい》

干潟星雲《ひがたせいうん》、Ｍ《エム》８

さくいん

あ

い

う

え

お

か

き

け

こ

さ

し

す

せ

そ

★参考文献★

『星座の神話—星座史と星名の意味』原恵／恒星社厚生閣

『はじめてのほしぞらえほん』てづかあけみ／パイ インターナショナル

『星と星座をみつけよう』森雅之／誠文堂新光社

『小学館の図鑑 NEO POCKET 星と星座』／小学館

『都会で星空ウォッチング』八板康麿／小学館

『星座の見つけ方と神話がわかる／星空図鑑』永田美絵・著 八板康麿・写真／成美堂出版

文　野尻抱影（のじり　ほうえい）

一八八五年神奈川県生まれ。早稲田大学英文科卒業。東西諸民族の星の研究家として知られる。一九六一年に刊行され、現在もよみつがれる『星と伝説』（偕成社）をはじめ、児童向け図書も多数ある。一九七七年十月没。

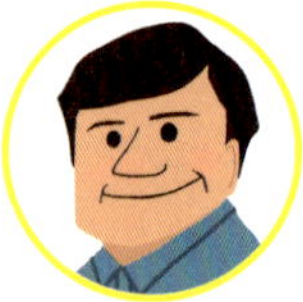

写真　八板康麿（やいた　やすまろ）

一九五八年東京生まれ。日本大学芸術学部写真学科卒業。出版社勤務を経て、写真家に。著書に『スプーンぼしとおっぱいぼし』（福音館書店）『星座の見つけ方と神話がわかる 星空図鑑』（成美堂出版）『太陽系のふしぎ109』『星と宇宙のふしぎ109』（偕成社）などがある。

イラスト★てづかあけみ
デザイン★三上祥子（Vaa）
星空（P16、18、30、42、58、60、62、64、76、88、98、110、124）★hoshifuru.jp
図版制作★明昌堂
本書は、『星と伝説』（偕成社刊）を底本としています。

写真で見る　**星と伝説　春と夏の星**

文　野尻抱影
写真　八板康麿

2018年3月　初版1刷

発行者　今村正樹
発行所　偕成社
〒162-8450　東京都新宿区市谷砂土原町3-5
Tel 03-3260-3221（販売部）　03-3260-3229（編集部）
http://www.kaiseisha.co.jp/
印刷・製本　大日本印刷

NDC440 128P. 25cm　ISBN978-4-03-509060-1

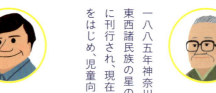

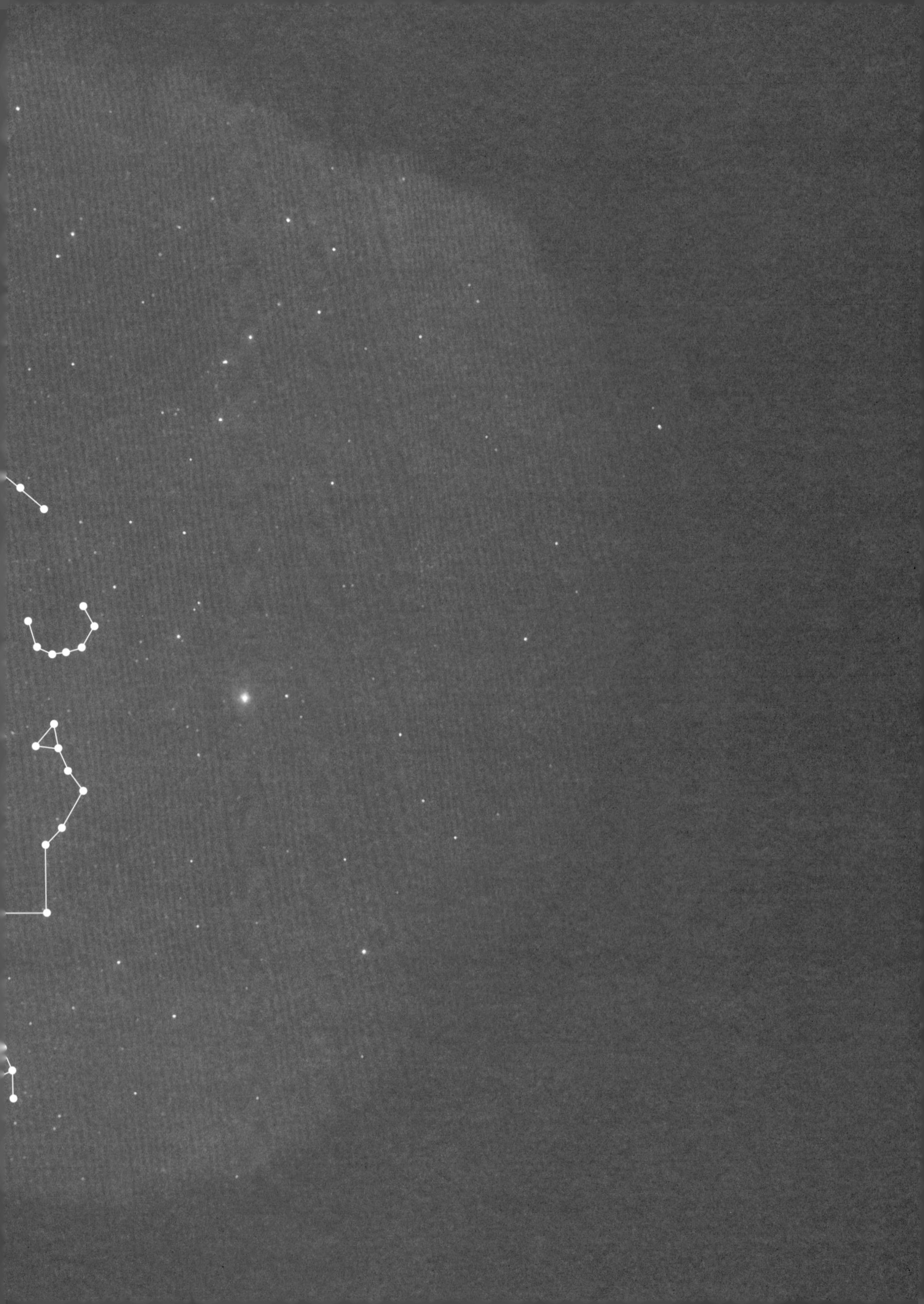